轻松玩转

Scratch 3.0

编程

第2版

刘凤飞 编著

清华大学出版社

北京

内容简介

Scratch是可视化的编程语言，利用它可以制作游戏、动画，还可以计算数学题、处理字符串。

本书共分为五部分，细致入微地讲解Scratch 3.0编程，完全不用担心孩子零基础。第一部分（第1、2章）了解Scratch 3.0的界面和功能，以及与Scratch 2.0的区别。第二部分（第3~16章）针对Scratch 3.0中的每一个程序块进行实例讲解。第三部分（第17章）在掌握基础程序块的基础上，深刻理解和运用编程中的顺序执行、重复执行、条件判断等程序结构。第四部分（第18~22章）以一个个游戏项目作为实战案例，详细地讲解每一个项目的分析过程、角色安排、程序制作以及完成后的排错、改进思路和方案。第五部分（第23、24章）是高阶项目，一步一步地从简单的实现逐渐增加功能，最终完成一个极具挑战的程序模块，体验一个项目的迭代过程。

本书适合完全没有接触过编程的家长和小朋友阅读。对从事编程教育的老师来说，也是一本非常好的教程。

图书在版编目（CIP）数据

轻松玩转Scratch 3.0编程 / 刘凤飞编著. — 2版. — 北京：清华大学出版社，2020.1
（2024.3重印）
ISBN 978-7-302-53972-8

Ⅰ. ①轻… Ⅱ. ①刘… Ⅲ. ①程序设计—少儿读物 Ⅳ. ①TP311.1-49

中国版本图书馆CIP数据核字（2019）第230608号

责任编辑：王金柱
封面设计：王　翔
责任校对：闫秀华
责任印制：曹婉颖

出版发行：清华大学出版社
　　　　　网　　址：https://www.tup.com.cn，https://www.wqxuetang.com
　　　　　地　　址：北京清华大学学研大厦A座　　　邮　　编：100084
　　　　　社 总 机：010-83470000　　　　　　　　邮　　购：010-62786544
　　　　　投稿与读者服务：010-62776969，c-service@tup.tsinghua.edu.cn
　　　　　质量反馈：010-62772015，zhiliang@tup.tsinghua.edu.cn
印 装 者：三河市铭诚印务有限公司
经　　销：全国新华书店
开　　本：170mm×230mm　　　印　　张：17.5　　　字　　数：392千字
版　　次：2017年8月第1版　　2020年1月第2版　　印　　次：2024年3月第11次印刷
定　　价：89.00元

产品编号：083698-01

前　言

　　很荣幸，这本书能得到你的青睐。本书是《轻松玩转 Scratch 编程》的第 2 版，全书以 Scratch 3.0 作为工具，全面透彻地讲解少儿编程。这本书不仅是一本讲解 Scratch 编程的图书，更是一本融合思考方式、学习方法，启发编程思维的图书。

　　在《轻松玩转 Scratch 编程》出版的第一月，我就收到了大量读者的来信，有教师、家长，还有小朋友，我们交流、探讨，让我从中得到了很大的启发。为了写一本更适合大家的图书，我开始思考改版，与此同时出版社也非常希望我能再版。这本书就是这样孕育而生的。

　　虽然你翻开了这本书，但是你可能还有很多疑问。

1. 孩子学编程有什么用?

　　学会了编程，也许孩子能在学校比赛中获奖。

　　学会了编程，也许能让孩子的思维更加缜密。

　　学会了编程，也许能让孩子具有更强的竞争力。

　　学会了编程，也许孩子将来能找到一份更加优越的工作。

　　其实，编程本身是一个充满乐趣的过程，运用程序能够表达生活中的人和事，能够展示奇思妙想的创意，能够将复杂重复的事情变得简单。

　　我觉得孩子学会编程，不仅能够增强逻辑思维、计算思维，提升核心竞争力，更是增加了一种与未来世界沟通的语言，让孩子多了一种表达内心世界的方式。

2. 孩子可以学会编程吗?

　　答案是肯定的，孩子入门学习的编程可不像成人工作使用的代码编程那样，而是一种像乐高积木一样的图形化编程。

　　Scratch 是由麻省理工学院（MIT）媒体实验室开发的一款面向青少年的图形化编程软件。通过色彩丰富的指令积木块进行组合，便可以创作出多媒体程序、互动游戏、动画情境等项目。Scratch 通过彩色积木式程序块进行编程，既能给程序带来色彩的视觉美感，又能避免那些复杂的语法错误，使得完成游戏制作和动画设计更加简单。Scratch 避免了语法的问题，侧重于孩子们对整个程序的逻辑思考和创意发散方面的锻炼。

3. 为什么要阅读这本书?

　　如果你是一名老师，本书可以作为一本好的教材，以便更好地教学；如果你是一位家长，本书可以提升孩子的逻辑思维能力，让孩子在这个时代更具有竞争力；如果你是一个孩子，那么恭喜你，这就是为你写的书，它不仅可以让你玩游戏，还可以让你自己动手，做出一个个好玩的游戏。

本书内容共分为 5 部分，细致入微地讲解 Scratch 编程，完全不用担心孩子零基础。全书从基础到进阶再到挑战，从学习方法到思维方式再到编程知识，从易到难，逐步进阶。第一部分（第 1、2 章）从不同角度出发分享如何学习编程。然后和大家一同进入编程的世界，了解 Scratch 3.0 的界面和功能，以及与 Scratch 2.0 的区别。第二部分（第 3~16 章）针对 Scratch 3.0 中的每一个程序块进行实例讲解。很少有图书针对这部分内容进行分析和讲解，然而这部分对于初学者，特别是小朋友的学习尤为重要。万丈高楼平地起，只有掌握了程序块，才能组合成更好的程序。还对使用到的数学知识做了详细的讲解，编程本质源于数学。在这部分增加了丰富的案例，帮助读者进行学习和练习。第三部分（第 17 章）在掌握基础程序块的基础上，深刻理解和运用编程中的顺序执行、重复执行、条件判断等程序结构。第四部分（第 18~22 章）以一个个游戏项目作为实战案例，详细地讲解了每一个项目的分析过程、角色安排、程序制作，以及完成后的排错、改进思路和方案。从这部分可以学习如何思考一个项目的分析流程和制作过程，并且通过一个个项目的制作掌握如何运用积木块和程序结构。第五部分（第 23、24 章）是高阶项目，一步一步地从简单的实现逐渐增加功能，最终完成一个极具挑战的程序模块，体验一个项目的迭代过程。

案例素材、教学视频下载

本书案例素材、教学视频共分为两个压缩包，其中第 1~16 章为一个压缩包，第 17~24 章为另一个压缩包，可以分别扫描右侧的二维码获得。

如果下载有问题，请发送电子邮件至 booksaga@126.com，邮件主题为"轻松玩转 Scratch 3.0 编程（第2版）"。

第 1~16 章

第 17~24 章

致家长和老师

无论什么理由，少儿编程都不应该成为孩子的负担。

只有当编程在孩子心中成为乐趣，成为一种展示自我和表达自我的方式的时候，少儿编程才发挥了它真正的价值。

编　者

2019 年 12 月

目　录

第 4 章 外观模块

第 5 章 声音模块

第 6 章 事件模块

第 7 章 控制模块

第 8 章 侦测模块

第 11 章 自制积木

第 12 章 音乐模块

第 13 章 画笔模块

第 14 章 视频侦测模块

第 15 章 文字朗读模块

第 16 章 翻译模块

第 3 部分 编程的内功心法

第 17 章 程序的逻辑

第 4 部分 拿下项目阵地

第 18 章 看我 72 变

第 19 章 大屏幕摇奖

第 20 章 收集小星星

第 21 章 双人贪吃蛇大作战

第 22 章 星球大战

第 5 部分　决战华山之巅

第 23 章 记忆笔画

第 24 章 物理引擎

进入编程世界

第 1 部分

　　大家好！在这里我将要和大家一起通过Scratch进入缤纷多彩的编程世界。学习可以是枯燥乏味的，也可以是趣味横生的。在编程的世界里，我们可以尽情地表达自我，将梦境和想法通过程序呈现到眼前。

　　我们思考、分析、构思、编程、测试、改进、分享、体验，感受玩中学，分享喜悦。现在我们出发吧，进入编程的世界！

第 *1* 章 如何学习 Scratch

1.1 学会编程好处多多

大人编程看薪水，孩子编程看兴趣。

有很多科技界的伟人和名人从小开始学习编程，如乔布斯11岁开始编程，创办了苹果公司，成为一代传奇领袖；比尔·盖茨13岁开始编程，创立了微软，31岁成为世界首富；扎克伯格10岁开始编程，高中开发的程序被50万美元收购，创立了Facebook，市值曾经突破4000亿美元；埃隆·马斯克10岁开始编程，12岁设计了名为Blastar的游戏，2004年创立了特斯拉公司。

尽管我不认为每个人都需要精通编程，不过我总鼓励身边的朋友在有空的时候学习编程，学习一些基本的逻辑分析技巧和程序排错思维。学习编程并非是为了成为程序员，而是培养人冷静的思考方式和严谨的逻辑化思维。要有冷静的思考方式，程序行为对与错的最终判定者是计算机，无论你怎么信誓旦旦地说自己的程序没问题，错了就是错了，不为人的主观意念所左右；要有严谨的逻辑化思维，程序里处处都是因果，环环相扣，因而需要思考各种因和所导致的各种果，需要全面思考、清晰分析。

学习编程对孩子的帮助很大，可以归纳为以下10点：

1. 强化孩子的逻辑思维能力。

编写程序最重要的是如何把大问题不断分割成小问题。

如同计算这个加法题：9+8+7+4+5+9=?，如果你不能看一眼就得到答案，那么可以将它拆解成9+8、+7、+4、+5、+9五个加法题一个一个解决。

在编程中，孩子要思考如何把代码合理地安排在整个程序中，让程序流畅地处理输入、演算、输出，这个过程对孩子分析事物的逻辑性有极大的帮助。

2 培养孩子的专注力和细心度。

修改Bug是每一个编写程序的人的必经之事，无论是大人还是小孩都不例外。有时只是少输入了一个字母或在某一行末尾少了一个分号，就会造成程序大乱，更别说逻辑分析问题上忽略的某种状况和陷阱。所以，在编写程序的过程中，排错是无法敷衍了事的，这个过程能有效改正孩子马虎行事的毛病，避免当一个"差不多"先生。

3 提高孩子的耐心。

当父母的一定遇到过这种情况，带孩子去吃饭，孩子怎么也坐不住，总是跑来跑去，到处吵闹玩耍。这时，有的人会拿出手机当作游戏机，孩子的注意力瞬间就会被拉回来，开始安静地坐在位置上玩耍。以游戏项目作为课程就是运用这种特性，让孩子在游戏中学习，寓教于乐。但是编写游戏和玩游戏有很大区别：编写游戏可以很好地锻炼孩子延迟满足感的能力，提高耐心，从编写游戏到玩游戏需要经历一个比较长的过程。同时，学会编写游戏的小朋友会在游戏过程中融入更多的思考，游戏视角会有明显变化。

4 增加孩子的抽象思考能力。

其实学习编程就像学习外语一样。如果说学外语是为了跟外国人沟通，学习程序就是为了跟计算机沟通。更有趣的是，你碰到外国人不会说外语还可以用手比划，跟电脑可不行。这意味着孩子在学习的过程中需要一种化具体为抽象的能力，让程序能够按照孩子想象的方式运行，这是集思广益的过程。让孩子发挥无限想象并动手实践，让不懂得思考的电脑也能了解与表达抽象的事物。

5 提升孩子整理信息、融会贯通的能力。

程序是一堆电脑指令的组合，好比上小学时我们查字典学汉字、学成语，之后学习如何利用习得的汉字、成语组成句子，进而撰写文章一样。程序中的基本指令就像是汉字，可重复利用的方法或对象就像是成语。最终要完成项目，就必须融会贯通、学以致用，确保程序在执行中不会出现不可预期的错误。

6 提升孩子国际性的沟通能力和竞争力。

显而易见，现在哪一个行业可以不用电脑？如同先前提过的，编程语言已然成为一种重要的沟通工具，不但可以跟电脑沟通，还可以跟所有运用电脑的人沟通。孩子在幼时接触的环境往往跟以后的发展有极大的关联性，如果不想跟世界脱轨，那么最好尽早让他们了解程序或编程是怎么一回事，培养他们面对国际和未来竞争的能力。

7 让孩子学会团队合作和共同学习。

在适当的教学课程设计下，学写程序就像玩游戏闯关一样，同学彼此讨论破关攻略。结对编程，你不会，我教你；我卡关，你帮忙；我设计，你闯关。同时，在互动中增进情谊，学习如何利用团队的力量解决问题。比起老师在讲台上单方面的讲课，同学之间的探讨更容易提高学习效率。

8 训练孩子的空间思考能力。

在编程中，控制游戏人物的过程是训练空间思考能力的一个很棒的方式。仿佛孩子自己在高低起伏中身陷迷宫，在闯关角色中置身于编程世界，在游戏中学习，明白方向感和立体的空间架构。

9 增进孩子解决问题的能力。

面对一道道关卡的挑战，孩子会不断思考如何利用学到的知识、程序达到闯关的目的。一旦养成这样的习惯，在碰到生活中或其他课业的问题时，自然会试着自己解决。父母只要给予适当的工具和提示，让孩子自己动手、动脑去完成。

10 Learn to code，code to learn。

学习编程，训练编程的思考方式（Computational Thinking），如同学习阅读一样，在知识爆炸的时代，这是一种基本的能力。我们从小学习怎么阅读，并用阅读学习更多知识；而从小学习怎么写程序、控制电脑，了解的是一种新的学习方式，并且在学习写程序的过程中，刺激孩子的学习积极性。父母再也不用逼着孩子学习数学，因为当他要完成按钮、人物、得分、方向的同时必然需要用到许多数学的技巧，让孩子在编程的同时自主学习。另外，还可以提高孩子的英文能力，编程让接触英文成为自然而然的事情。其他的科目（如音乐、艺术、文学等）一样可以运用在编程的过程中，也就是我们所说的code to learn。

1.2 什么是 Scratch

Scratch是一种全新的程序设计语言，你可以用它很容易地创造交互式故事情节、动画、游戏，还可以把你的作品分享给其他人。开发者表示，这种电脑编程语言的目的是帮助孩子发展学习技能，学习创造性思维、学习逻辑思考以及学习集体合作。MIT（麻省理工学院）媒体实验室的博士生凯伦·布雷南是Scratch项目的负责人，他说，"我们的目的不是要创办电脑程序编写大军，而是帮助电脑使用者表达自己"。

Scratch不是游戏，而是一款可以制作实用工具、文艺作品、游戏、动画等的编程工具。一旦掌握了这个工具，孩子们就能自由自在地挥洒他们无限的创意，享受创造的乐趣。Scratch由麻省理工学院媒体实验室开发出来至今，美国有超过100万的孩子在学习。而在中国台湾，中小学生的信息化课程是以Scratch为主的，也有许多Scratch教学网站。教育部门每年都会举行程序设计比赛。中小学通过Scratch扩展了语文、数学、外语、音乐、体育、科学等教学的深度。

Scratch与Java、Python、C、C++、C#不同，因为它的形式不是基于文本的，而是一种可视化的图形编程语言。无须输入任何复杂的命令和代码，孩子要做的仅仅是像搭建乐高积木一样搭建图形化的程序块。对于孩子来说，这样的编程模式可以完全避免语法错误，使其更注重逻辑思考和程序化的分析。

下面通过小例子看一看Scratch程序块是如何搭建的。

案例—— 一个积木块的Scratch程序

在模块区的外观模块中，找到说积木块。

单击运行说"你好！"积木块，运行结果：小猫咪说"你好！"。

下面这个例子稍微复杂一点。

案例——多积木块的Scratch程序

用一段小程序出一个考题"1+1等于几？"，通过程序判断你的回答是正确的还是错误的，分别给出正确答案和错误答案，看看程序返回的结果是什么。

下面简单地讲解这个程序的积木块组合，逻辑思考部分在这里暂不涉及，将会在后面的章节详细讲解。

01 从侦测模块中找到**询问**积木块。

02 将积木块中的英文修改成"1+1等于几？"，然后将积木块拖曳到脚本区。

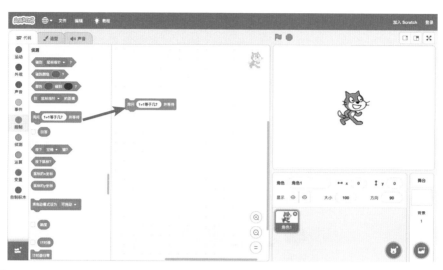

03 从控制模块中找到如果，那么，否则积木块，拖曳到脚本区并拼接在询问积木块的下方，凹槽与凸槽相结合。

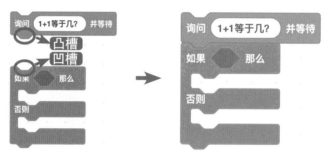

04 从运算模块中找到等于积木块，并将它移动到脚本区如果，那么，否则积木块的方块框中。

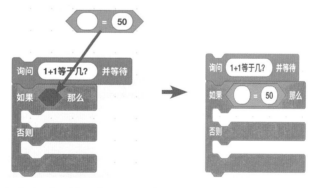

05 在侦测模块中找到回答积木块，拖曳放入等于积木块左边白色椭圆框中，在等于积木块右边白色椭圆框中输入数字"2"。

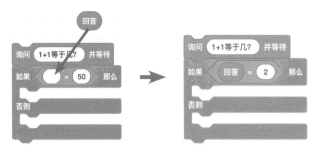

06 从外观模块中找到**说**积木块，将"你好！"改成"回答正确！"，然后拖曳到"如果，那么，否则"中间。

07 重复第6步，将"回答正确！"改成"回答错误！要好好学习！"，然后拖曳到"否则"里面。

08 单击脚本区的整个积木块，小猫咪出了一个考题"1+1等于几？"，等待你的回答。

如果你回复的答案不是2，小猫咪会告诉你"回答错误！要好好学习！"。

如果你回复的答案是2，小猫咪会告诉你"回答正确！"。

这就是Scratch编程，是不是很神奇，很有趣？

1.3 小朋友如何自学

看到这里，说明你是一个好学的小朋友，如果你是一个还没上三年级的小朋友，那么要叫上爸爸妈妈和你一起学习；如果你已经上了三年级，现在就开始学习吧！

相信你一定会爱上编程的，因为在这里没有枯燥的学习，只有一个个游戏。就像我们玩植物大战僵尸和愤怒的小鸟一样，把整个学习过程分解成一个一个的游戏关卡，然后奋勇向前闯关通关。

先看一个一个的单积木块，从动作模块到复杂积木块都需要不断尝试，单击运行积木块并观察舞台和角色的变化，并且了解每一个积木块在程序中所起到的作用。

1 需要知道每一个积木块所在的位置，但不是一个一个死记硬背。在编程中一定不能死记硬背，要理解性记忆，通过尝试、观察、修改、比较掌握每一个积木块的作用。

2 理解每一个模块所对应的含义，然后有针对性地寻找积木块，在这个过程中就会很自然地记下所有积木块的位置和功能。

3 暂时略过那些看不懂变化也看不懂书中解释的积木块，不需要着急，因为有些知识你还没有学习到。例如，运算模块中的平方根，可能你还没有学习到它的相关知识，可以先跳过这块的学习。到后面结合课堂学习，再回过头来体验之前不明白的积木块。

4 挑出你能明白作用的积木块，尝试修改其中的一些参数，再观察会有什么变化。

5 掌握了单独积木块的作用后，尝试将自己熟悉的积木块组合到一起，再观察有什么神奇的变化。

6 最后有针对性地选择积木块，并将其组合到一起，实现自己的想法。

"右转15度"积木块的学习方法

1 阅读——积木块上的文字**右转15度**。

2 猜测——这是让小猫咪右转。

3 尝试——单击积木块，看看小猫咪有什么变化。

4 观察——小猫咪旋转了。

5 修改——修改积木中的数字15，继续观察。

6 总结——这是一个控制小猫咪右转的积木块，数字越大，小猫咪旋转幅度越大。

组合积木块的学习方法

将"说你好！"积木块、"重复执行10次"积木块、"右转15度"积木块组合在一起。

观察小猫咪从单独积木块到组合积木块的变化。如果你已经可以自由组合积木块，并且可以达到你想要的效果，那么恭喜你已经入门了，基本掌握了简单的积木块。下面需要仔细地跟随章节内容制作一个个小游戏，培养逻辑思维能力。注意要多思考、多观察、大胆猜测。

1.4　家长辅导变身玩伴

如果你是一位家长，想教孩子学习编程，那么首先要把自己当成孩子，看完1.3节，掌握每一个积木块，做一个博学的家长，然后摇身一变成为一个好玩伴。

如果你教导的孩子还没有上小学，那么建议让宝宝通过"编程一小时"或者 Scratch Jr 学习。如果你的孩子已经在读小学了，那么按照书本章节的内容顺序学习就可以了，后面的章节都是以孩子的视角书写的。在教学过程中需要特别注意，在你看来十分简单的程序和过程，对于孩子来说或许并不简单，所以需要更多的耐心。收起你家长的角色，此时此刻你不是老师也不是家长，而是孩子的一个玩伴，陪伴孩子一起探索程序的奥秘、感受程序的神奇、体验游戏的乐趣。在教学过程中，不能用理念灌输，应该更多地演示，并让孩子自己动手修改程序，观察通过修改所带来的变化。

造型切换教学

慢动作，不断单击外观模块中的**下一个造型**积木块。将看到小猫咪的样子不断在两个图片中来回切换，就像奔跑一样。

让孩子自己动手尝试这个积木块，感受积木对角色的作用。

然后提出问题：为什么会有两个造型，为什么只有这两个呢？

再带孩子来到造型界面，观察小猫咪拥有的造型，可以看到小猫咪有两个造型。

在造型界面，让孩子分别单击两个小猫咪造型，观察舞台中小猫咪的变化。

多次对比不同方式的单击带来的效果，让孩子明白原来**造型切换**就这样。

1.5　老师备课

如果你是一名少儿编程老师，相信在程序知识方面就不需要我多说什么了。如果对程序还不是特别了解，那么可要下苦功夫了。自己拥有丰富的程序知识，才能更好地传递给孩子。但是只有丰富的程序知识还是远远不够的，如何将知识通过最好的方式让孩子接受更为重要。像给成人上课一样去解释坐标、变量、比较、判断等，孩子一定是两眼发呆地看着你，而不知所云。

对于编程的教学，我的建议是将自己的知识储备尽可能地放空，达到和孩子一样的知识量。然后在课堂上运用思维方式，和孩子一起去探索学习新的知识。因为真正要学习的更多是思维方式，而不仅仅是编程知识。

孩子的学习更多的是"知其然，而不知其所以然"，让他们理解这个事情为什么会这样，不只是纯粹的概念解释和灌输，保持孩子对世界的好奇心、想象力以及创造力很重要。所以，这需要我们站在孩子的视角思考问题、看待问题，减少书面式的告知，让孩子尽量动手尝试，去改变、去创造。

以项目为向导，完成一个个项目，在带给孩子学习的乐趣、活跃课堂气氛、吸引孩子注意力、让孩子融入其中的同时达到锻炼逻辑思维的效果。

在课程中加入更多角色，如奥特曼、铠甲勇士等动画片里的角色，相信孩子们会兴趣大增。

小朋友们，你们玩过植物大战僵尸吗？僵尸群里面哪个僵尸最厉害呀？这样两个问题下来，小朋友们一定可以热闹地进入联想。现在我们就用程序控制僵尸走路，首先添加小朋友们认为最厉害的僵尸角色（老师需要在电脑文件夹里准备3、4个僵尸角色，不能过多，否则孩子会选择困难）。

拖曳**移动10步**积木块控制僵尸行走，小朋友们动动脑筋，怎么控制僵尸走快点或走慢点呢？老师想让僵尸转晕，该怎么办呢？发动你们的小脑筋去寻找合适的积木块吧！

当孩子知道旋转后，我们就该再次提问了，让孩子去思考。

1 老师想让僵尸向左旋转，该怎么办呢？

2 让僵尸向右旋转90度，该怎么办呢？

3 让僵尸不停顿地旋转，该怎么办呢？

4 让僵尸一边走一边旋转，该怎么办呢？

不要低估孩子的想象力和学习能力，你会发现孩子其实都能完成，而且似乎不需要你的提示。就像你只要给孩子一个iPad，他就能很快地掌握如何使用一样。孩子都有一颗探索和尝试的心，大人反而会担心这样按键是不是会坏，所以请不要阻碍孩子去摸索和尝试。教学要注重孩子逻辑思维的培养、解决问题能力的提升、思考方式的养成，而不是为了完成作品给家长一个交代。

STEM教育其实是基于标准化考试的传统教育理念的转型，更注重学习的过程，而不是结果。从本质上来说，要敢于让孩子们犯错，让他们尝试不同的想法，让他们听到不同的观点。与考试相反，我们希望孩子们有与众不同的想法，并且创造能够应用于真实生活的知识。

教学需要注意以下5点：

1 联系（Connect），注重学习与现实世界的联系。

2 建构（Construct），"做中学"，逐渐学习建模的思考和概念的形成。

3 反思（Contemplate），反思编程过程，更深刻地理解概念。

4 延续（Continue），应用到生活中，去解决一些实际问题，不断挑战和积累。

5 注重学习的过程，而非体现在试卷上的知识结果和作品展示。

第**2**章 Scratch 3.0 编程世界

2.1 安装 Scratch 3.0

学习编程经常会在第一步安装软件的时候就被打败。使用 Scratch 3.0 编程，你不用为安装软件而烦扰，因为 Scratch 3.0 的安装非常简单，按照步骤单击下一步就可以了。

本书以 Scratch 3.0 进行教学演示。Scratch 3.0 相比 Scratch 2.0 有了很大的变化，我很喜欢它的界面，同时还增添了很多新鲜的功能。在讲解 Scratch 3.0 的过程中，会针对一部分区别和 Scratch 2.0 进行对比。

我们先来下载 Scratch 3.0 编程软件，有了离线版软件，在没有网络的情况下，也可以进行编程。

软件安装 3 部曲

下载 → 安装 → 运行测试。

01 确保电脑是联网状态，先搜索 Scratch 3.0 的软件，再从健康、安全的网站上下载你要的 Scratch 3.0 软件安装包。

02 不过在下载之前，我们还需要了解一下自己的**电脑系统**。因为不同的系统需要选择不同的软件安装包。

Windows 系统

我的Windows系统桌面是这样的。

找到**此电脑**或者**我的电脑**并右击，在弹出的快捷菜单中选择**属性**，你就能看到自己电脑的详细信息了。

Mac 系统

苹果电脑的桌面是这样的：

单击桌面左上角的小苹果，选择关于本机可以查看到更详细的系统信息。

03 下载软件安装包后，如何区分哪个是 Windows 系统的，哪个是 Mac 系统的呢？

我们可以通过文件的后缀名进行识别。

Scratch 3.17.0 Setup.exe   Scratch 3.17.0.dmg

.exe

看到这个文件的后缀名是 **.exe**，如果你的电脑是 Windows 系统，就要选择它了。

Scratch 3.17.0 Setup.exe

.dmg

看到这个文件的后缀名是 .dmg，如果你的电脑是 Mac 系统，就要选择它了。

Scratch 3.17.0.dmg

在 Windows 系统下安装

01 双击运行软件安装包。

Scratch 3.17.0 Setup.exe

02 根据安装提示操作，等待软件安装完成。

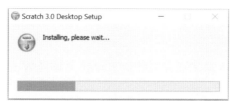

03 安装成功后，你可以在电脑桌面上看到软件的快捷图标，双击即可启动 Scratch 3.0 编程软件。

04 如果软件打开后出现这样的界面，那么恭喜你安装成功了。

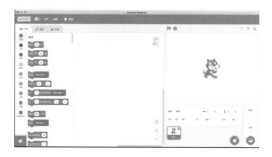

在 Mac 系统下安装

01 双击软件安装包将其打开。

Scratch 3.17.0.dmg

02 将Scratch Desktop.app文件拖曳到Applications文件夹中。

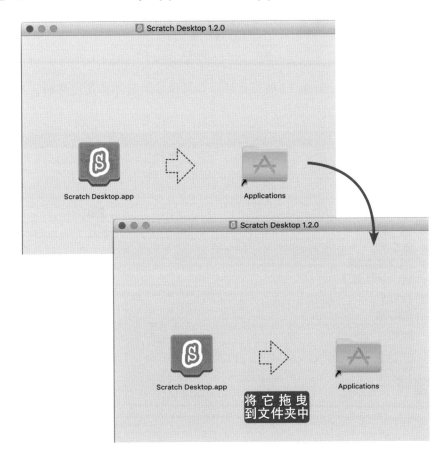

03 等待 Scratch Desktop.app 拷贝到应用程序后，Scratch 3.0 就安装完成了。

04 单击 Launchpad，我们可以在应用程序中看到安装好的 Scratch 3.0 编程软件。

05 单击打开它，你可能会看到这样一个提示，直接单击打开按钮就可以了。

06 这样你就启动了 Scratch 3.0 编程软件，如果你看到的界面是这样的，那么说明安装成功了。

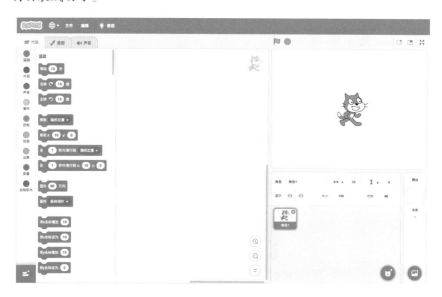

遇到问题，解决问题

如果你打开的软件是英文的，那么可以看看界面左上角或右上角有没有一个小地球。

找到小地球后，单击打开它，滚动鼠标找到简体中文，单击选择，这样软件就变成中文的了。如果你擅长其他语言，也可以自行选择。

果果拓展

今天我们使用的Scratch 3.0可以说是弟弟了。它还有两个哥哥，分别是Scratch 2.0和Scratch 1.4（也就是平时所说的旧版本或低版本）。

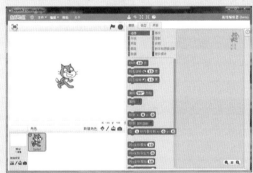

Scratch 2.0 版本界面

Scratch 1.4 版本界面

在线创作平台

01 Scratch 3.0是一个图形化编程软件，目前有很多在线创作平台，大家可以自由选择，同时还可以上传自己创作的作品和其他小朋友分享。

注　意

一定要选择健康、安全的平台。

小教程

Scratch软件本身还有很多小教程供我们学习，教程就在菜单栏上。

点击其中的教程就可以学习了。

2.2 Scratch 3.0 界面介绍

这就是Scratch 3.0的编程界面，看上去是不是更漂亮了呢?

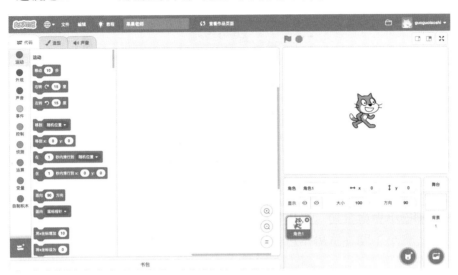

Scratch 3.0软件界面可以划分为菜单栏、多媒体区、模块区、积木区、脚本区、书包、舞台区、角色列表、背景区。

跟随我一起来看看它们都在软件界面的什么位置吧。因为只有当你看到了每个区域的具体位置，才能更好地理解和记忆它。

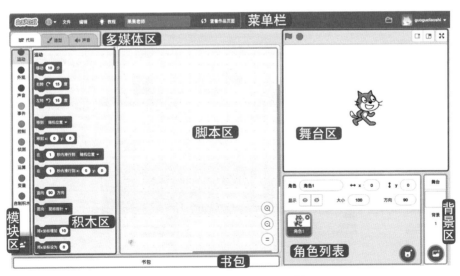

在线版本的界面和离线版本的界面基本上是一样的。

21

果果对比

相比Scratch 2.0的界面变化还是非常大的，很多版块的位置发生了调整，一些模块的展现形式也发生了变化。

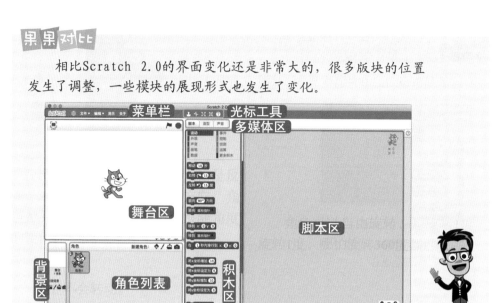

新功能

Scratch 3.0将音乐、画笔、视频侦测放进了扩展功能区，还增加了不少新的扩展功能，如文字朗读、翻译、Makey Makey、micro:bit、LEGO MINDSTORMS EV3、LEGO Education WeDo 2.0。

有了这些功能，我们可以让程序帮我们朗读，帮助我们翻译文章，还可以制作各种按键功能，甚至可以更好地控制我们的乐高机器人，实在的太有趣了。

这些新功能都非常有意思，稍后我们将一起体验这些功能。

现在我们有一个更加重要的学习计划，那就是了解软件的每一个区域。

菜单栏

1 在线版

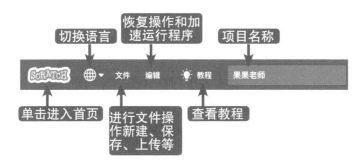

① 文件操作

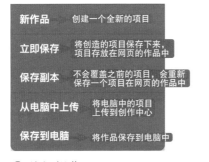

2 离线版

离线版的文件操作有些不同，它只有**新建项目**、**从电脑中上传**、**保存到电脑**3个操作。

② 编辑操作

进行恢复和加速程序运行。

多媒体区

1 代码

选择代码可以看到**模块区**和**积木区**，这是我们的程序重地。

它掌管着编程所需要的全部积木块。

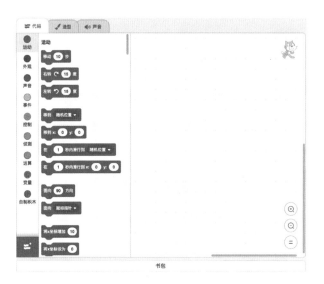

2 造型

选择造型可以看到角色的造型列表和画板，在这里我们可以编辑角色的造型。

想要改变角色的造型吗？来这里开始绘制吧。

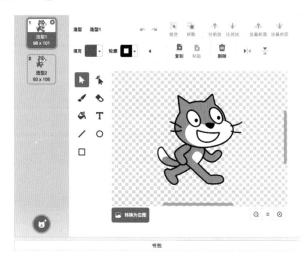

3 声音

选择声音可以看到角色的声音列表，在这里我们可以给角色增加音效和对话。

要不要展示一下歌喉呢，想不想录制一段台词呢？单击它录制一段声音，然后再给它剪辑一番，相信你可以制作出美妙的音乐。

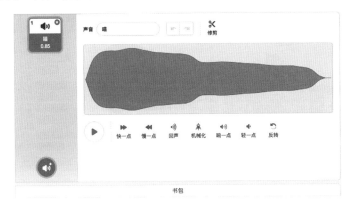

模块区

将大部分的积木块分成了9个模块，方便我们在编程的时候进行查找。

每一个颜色小圈圈代表了一大类的积木模块，同时每一类积木块都拥有和对应小圈圈相同的颜色。这些模块分别是运动模块、外观模块、声音模块、事件模块、控制模块、侦测模块、运算模块、变量模块、自制积木模块。

运动

外观

声音

事件

控制

侦测

运算

变量

自制积木

里面的自制积木是与众不同的，因为它里面是空的，需要你来创造。

模块里面还有模块，里面不仅隐藏了Scratch 2.0中的音乐模块、画笔模块、视频侦测模块，还隐藏了很多神奇的功能，在后面的章节，我们一起探索。

单击 ⬛ 可以看到这些功能：

积木区

　　每一个模块都有很多积木块，它们就存放在积木区。来到积木区后，滚动鼠标，你可以看很多积木块，观察它们的颜色和对应模块的颜色是不是一样的。

果果试试

单击积木区的积木块，观察舞台区中小猫咪角色的变化。

单击**移动10步**

小猫咪动了吗？
A. 动了　　B. 没动

单击**右转15度**

小猫咪怎么运动的呢？
A. 小猫咪没动
B. 小猫咪向左转了
C. 小猫咪向右转了

单击**说"你好！"2秒**

小猫咪角色有什么变化呢？
A. 没变化
B. 动了一下
C. 小猫咪说了句"你好！"

通过**试一试**，你是不是已经明白积木块的作用了呢？

积木块上面的文字很详细地解释了自己的功能。

在积木区单击积木块，运行的时候积木块周围会有一道黄色的光芒，就像这样：

外观

单击后，小猫咪变成了这样：

过了2秒，"你好！"消失，变回这样：

脚本区

积木区就像我们装积木的盒子，脚本区就是我们可以搭积木的玩耍区。在脚本区，我们可以尽情地玩耍和拼搭，可以创作游戏、制作工具、拍摄动画。在这里可以展示我们无尽的想象力和创造力哟。

赶快一起去看看吧。

哎呀，一片空白。

这就是脚本区了，虽然现在它空荡荡的，什么都没有，但是就是因为这样，才给了我们更多的创作空间。

之前，我们在积木区单击积木块，只能一个一个地运行。但是在这里，我们可以将它们组合起来。

拖出积木块

单击事件模块

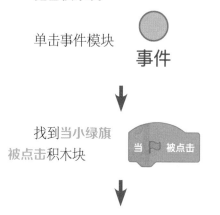

找到当小绿旗被点击积木块

将鼠标移动到积木块上，按下鼠标左键

一直按着鼠标，将它拖曳到脚本区

松开鼠标按键，积木块就到了脚本区

拼接积木块

单击运动模块

找到右转15度积木块，拖曳到脚本区

拼接到当小绿旗被点击下方

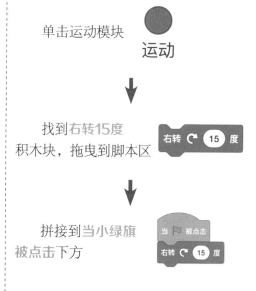

果果细说

拼接需要凹槽对准凸槽才可以哟，看看不同情况的拼接。

（1）

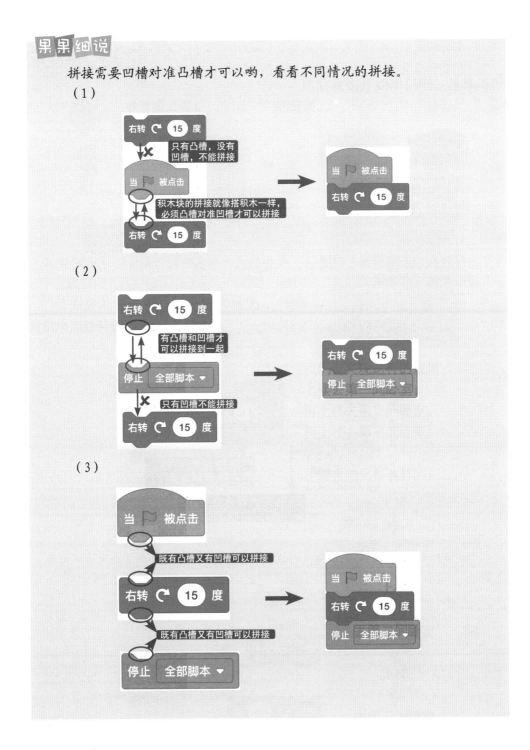

（2）

（3）

如何拼接上去呢？直接将积木块拖曳脚本区，它们可不会自动拼接哟。

将凸槽靠近凹槽或者将凹槽靠近凸槽，你会看到底部出现灰色背景，这个时候松开鼠标就可以拼接了。

从下往上拼接

从上往下拼接

1. 删除积木

有时我们搭建错误，需要将多余和错误的积木块进行删除。这个时候只需要两步就可以完成。

（1）将要删除的积木块脱离积木组。

（2）将要删除的积木块拖曳到积木区，松开鼠标，它就删除了。

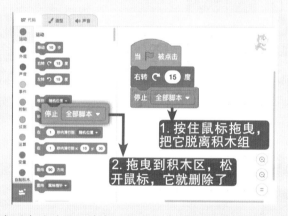

拖曳积木块删除的时候，拖曳的积木块会将它下面拼接的所有积木块一起拖曳哟。

拖曳右转15度积木块，会将停止全部脚本积木块一起拖曳。

2. 积木包裹

一次旋转不好玩，我想让小猫咪转个不停，转得头晕晕的。

啊，这样是不是太坏了。

单击控制模块：

将**重复执行10次**积木块拖曳出来：

移动到要包裹的积木块上面：

这样**右转15度**就会重复执行10次了：

如果是这样，就不是包裹是拼接了：

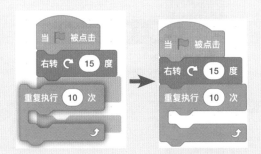

3. 积木嵌入

重复10次太固定了，如果可以随机设置旋转次数或许会更加有趣。

单击运算模块：

将在1和10之间取随机数积木块拖曳出来：

拖曳到重复执行10次中的圈圈里：

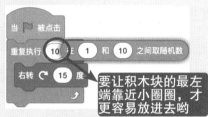

要让积木块的最左端靠近小圈圈，才更容易放进去哟

这样就嵌入进去了：

当 ▶ 被点击
重复执行 在 1 和 10 之间取随机数 次
右转 ↻ 15 度

4. 积木修改

哈哈，我突然想让小猫咪每次旋转90度。

单击右转15度中的小圈圈里的数字15，产生淡蓝色背景：

当 ▶ 被点击
重复执行 在 1 和 10 之间取随机数 次
右转 ↻ 15 度

从键盘上输入90：

当 ▶ 被点击
重复执行 在 1 和 10 之间取随机数 次
右转 ↻ 90 度

书包（离线版本暂时没有该功能）

这是一个非常棒的功能！

这是一个可以将代码存放起来的地方，将代码拖曳到书包里面，以后我们创建的所有项目都可以从书包里面拿出代码重复使用。

01 单击书包：

02 打开书包：

03 将代码拖曳到书包里：

04 松开鼠标，书包里就多了一个代码块：

05 想要使用书包里面的代码块，只需要打开书包，把它拖曳到脚本区就可以了：

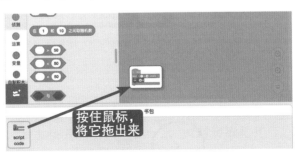

06 如果你想删除书包里的代码块，只需要对准要删除的代码块右击，选择"删除"选项即可：

舞台区

这是一个展示程序效果的地方，如果你创作的是一个游戏，那么这就是游戏界面；如果你制作的是一个工具，那么这就是操作界面；如果你录制了一个动画，那么这就是观影的屏幕……

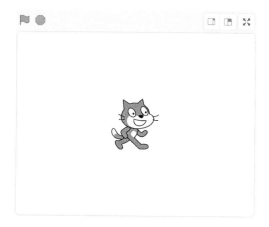

▶：小绿旗，单击它启动程序。

⬣：小红圈，单击它停止程序。

▢：将舞台区缩小，放大脚本区。

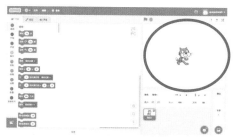

▢：将舞台区放大，缩小脚本区。

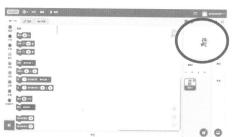

：将舞台区全屏化。

：将全屏恢复到软件界面。

角色列表

舞台区中的所有角色都会有一个缩略图放在角色列表区域。在角色列表中，记录着角色的相关信息。可以控制它的坐标位置、调节它的大小、调整它的方向等。

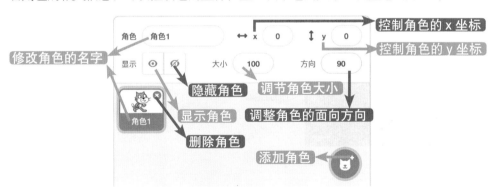

添加角色，我们有很多方法，而且每一种方法都有对应的文字说明。

将鼠标移动到它上面，选择自己添加角色的方式；也可以直接单击它进入系统角色库。

从电脑文件中上传角色：

自己绘制一个全新的角色：

随机选择系统库中的一个角色：

进入系统角色库查找想要的角色：

如果你想拍照作为角色，那么需要来到角色的造型模块。在这里会有你想要的拍照功能。

当然，你也可以用电脑或者手机拍好照片，保存到电脑，然后使用。

背景区

　　舞台区可不是只有角色，它还可以展示各种背景图片。这样的舞台才会更加美丽。掌管着舞台背景的区域就是背景区了，想要更换舞台背景，就需要来到这里。

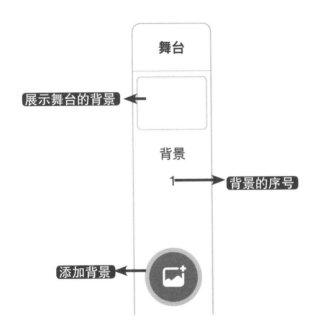

展示舞台的背景

舞台

背景

背景的序号

1

添加背景

果果提问

想要知道怎么添加背景吗？看看之前是如何添加角色的，相信你一定可以自己学会。

读书笔记
Reading notes

第 **2** 部分

神奇的积木块 3.0 版

能来到这里，说明你已经通过了第一个考验，完成了Scratch 3.0软件的安装。现在的你已经是**青铜级编程勇士**了，从这里开始，你将正式进入Scratch 3.0编程的学习。

如果你之前学习过Scratch，那么你可以快速地翻阅这章，针对性地查看一些讲解、对比和拓展，不需要花费太多的时间。

如果你是第一次接触Scratch编程，那么希望你能仔细地阅读这一章节。因为本章将会非常系统和全面地讲解每一个积木块，同时还会结合案例展示它的效果。万丈高楼平地起，只有掌握了基础的积木块，才能更好地编写程序，创作优秀的项目。就像只有懂得运用砖头，才能建造出摩天大楼一样。

积木区一共分为9个常规模块和一个拓展模块。每个模块都有着属于自己的颜色，这样的颜色差异对我们寻找积木块有着非常重要的作用。

编程世界有好多小精灵，我们跟小精灵们一起来学习Scratch编程吧。

运动 ◀ 运动模块是深蓝色的

外观 ◀ 外观模块是深紫色的

声音 ◀ 声音模块是淡紫色的

事件 ◀ 事件模块是金黄色的

控制 ◀ 控制模块是土黄色的

侦测 ◀ 侦测模块是淡蓝色的

运算 ◀ 运算模块是嫩绿色的

变量 ◀ 变量模块是橘黄色的

自制积木 ◀ 自制积木是粉红色的

第3章 初识积木块：运动模块

3.1 认识积木块

在开始学习之前，我们先来认识两个积木块，它们将帮助我们更好地学习。

它叫作**当小绿旗被点击**积木块，存放在**事件模块**中。

它通常控制着程序的启动，有了它，单击舞台区上方的小绿旗就可以启动程序。

单击 🚩

启动

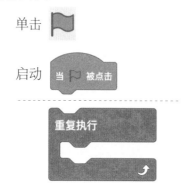

它叫作**重复执行**积木块，存放在**控制模块**中。

凡是被它包裹在大嘴巴里面的代码，都会被不断地执行。

动动手

一直走的小猫：

这样角色就会一直不停地走了。

它叫作**等待几秒**积木块，它可以让程序等待一会儿，再继续执行。

缓慢移动的小猫

这样小猫咪每移动1次都要等待1秒，才会再次移动。

3.2 运动模块

运动

运动模块一共有18个积木块。

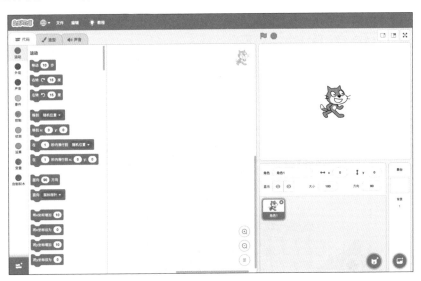

果果 对比

Scratch 3.0相比Scratch 2.0多了一个积木块。

在 1 秒内滑行到 随机位置 ▼

　　如果你发现积木区没有运动积木块，那么你可能选择的是背景，这个时候要选择角色哟，因为背景不能运动。

果果老师，一个运动模块就那么多积木块，我怎么记得住呢？

No！可不能去死记硬背哟。我们要在尝试和探索中掌握它们的使用方法，只有这样才能轻松愉悦地牢记它们的用法。

3.3 让角色移动一下

在理解和尝试中学习

我们先来试试第一个积木块 移动10步，只看积木块上面的文字，你应该就知道它的用处了。单击积木块，同时注意观察舞台区的小猫咪。

哈哈，我单击了 3 下，看到小猫咪移动了 3 次。

果果洞察

如果你细心的话，就会发现小猫咪的 x 坐标发生了变化，从 x（0）变成了 x（30）。

单击3次就增加了30，是不是每次单击都会增加10？

带着这个疑问，我们再单击一次，看看x数值是否变成了40。

果果提问

x的数值变成40了吗？

A. 变了　　B. 没变

尝试修改积木块里面的数字，将10改成100，我们再看看。

好的，我改成了 移动 100 步，小猫咪还是走了一步，不过这次好像走了好远呀。原来数字越大，小猫咪走的越远。我还发现了一个秘密，x 数值的变化就是加上移动的步数。

你太聪明了，猜测一下修改数字为 -50，会怎么样？

果果秘籍

认识负数

地下车库有负一层、负二层、表示为-1、-2。

冬天的气温会有负2摄氏度、负5摄氏度、表示为-2℃、-5℃。

负数就是在数字前面加上一个-（负号）。

-1是比0小1的数字，-2是比0小2的数字。

那么是-1更大，还是-2更大呢？

当然 -1 更大呀。

对于负数，-后面的数字越大，反而越小。

小猫咪向退后了，x 数值也减小了50。我知道啦，-50 可以看作是减50步。步数为正，角色向前移动，步数为负，角色向后移动。

领悟的真快哟，是不是没有想象中那么困难？我们不仅学习了一个积木块，还学习了数学知识呢。所以我们要掌握学习方法，在理解和尝试中学习。从运动模块中，运用拆解整体来学习会更加轻松简单。

3.4 左转转右转转

这个积木块，我觉得可以自学了。积木块叫作右转15度，说明它可以控制小猫咪右转。修改数值可以调整小猫咪旋转的幅度。

测试一下不同数值小猫咪的旋转，但是记住哟，每次测试都要将小猫咪的方向调整回之前的 90。

| 角色 | 角色1 | ↔ x | 0 | ↕ y | 0 |

| 显示 | ⊙ ⊘ | 大小 | 100 | 方向 | 90 |

未旋转	15度	60度	90度	180度

真是太简单了，不懂就拖曳出来单击试试。

同类对比学习

你已经掌握了右转15度，相信左转15度你只要想想就知道它的用法了。因为它们的区别只是一个向左，一个向右。

是的呢，将它们归类学习更快了呢。我们继续学习下一个积木块吧。

让角色转圈，控制小猫咪转圈圈。

编写这段代码，单击小绿旗，看小猫咪转圈。

3.5 看看什么叫瞬间移动

恐龙的凌波微步

01 先添加一张背景图片到舞台区，再添加一个角色。

鼠标点击
角色拖开

02 选中恐龙角色，选中的角色外围会有蓝色的光圈。

果果提醒

　　拖曳代码一定要注意对应角色哟，不能把恐龙要执行的代码放到小猫咪里面，这样会出大问题的。

03 将代码编写好，单击小绿旗，看看恐龙会有怎样的变化。

感觉恐龙学会了凌波微步，在舞台上到处乱窜。

有趣吧，再来读这段代码。

单击小绿旗
恐龙不断地
移动到随机位置

试试切换位置吧，单击倒三角，移动到**角色1**。

角色1就是小猫咪，恐龙瞬间就移动到了小猫咪身上。

换成**鼠标指针**，恐龙竟然就一直跟着我的鼠标了，真是太神奇了。

跟随我的恐龙

3.6 掌握坐标新知识

移到 x: 0 y: 0

这个积木块，我看不太明白，这个移动有什么区别，怎么还有两个数字？

这两个数字 **x** 和 **y** 是坐标值，它决定了角色在舞台区的位置。在背景库的最下面有一个坐标背景，我们将它添加到舞台，方便理解和学习。

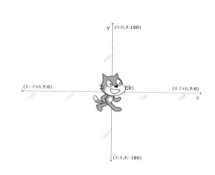

这个背景有很多数字呢，我还看到了 x 和 y。

将我们看到的数字输入积木块中，看看角色的变化。

x坐标表示角色在舞台区横向的位置，y坐标表示角色在舞台区竖向的位置。

4只小猫咪的位置

复制4只小猫咪来比较一下，并且给它们涂上不同的颜色。

01 在要复制的角色上右击，选择"复制"选项。

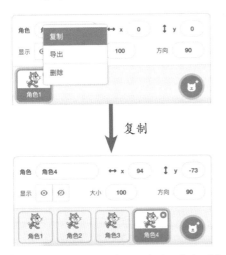

1. 切换造型选项

2. 选择不同的颜色

3. 使用颜料桶

4. 给小猫咪上色

03 角色2涂上绿色：

04 角色3涂上粉色：

05 角色4涂上蓝色：

02 选择对应的角色，单击"造型"选项。

06 回到代码选项，我给它们分别设置了这样的x和y坐标。

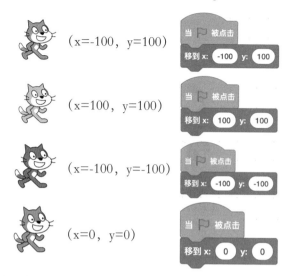

看它们在舞台的位置。

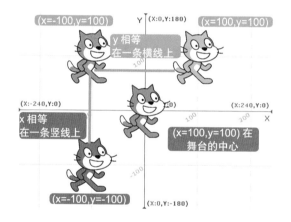

3.7 在 1 秒内滑行到随机位置

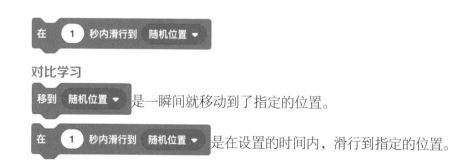

对比学习

移到 随机位置 ▼ 是一瞬间就移动到了指定的位置。

在 1 秒内滑行到 随机位置 ▼ 是在设置的时间内，滑行到指定的位置。

果果对比

添加恐龙和小猫咪角色，然后将它们拖开，尝试单击代码，看看它们的区别。

将你看到的区别写下来。

3.8 在 1 秒内滑行到 x, y

对比学习

回想一下这两个积木块。

在它们身上取一部分就组成了这个新的积木块。

我知道啦，不就是把位置变成坐标值。

真棒，看来你的学习技能又提升了呢，接下来这个积木块可是有难度的。不过再难的积木块都抵不过我们尝试一把。

3.9 面向 90 度方向

方向你一定不陌生，面向你应该也不陌生，比如向左、向右、向上、向下。

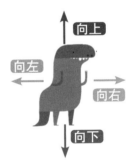

其实这里的面向就是这个意思，不过它换成了数字。

因为除了这 4 个方向外，还可以朝向四面八方。

再来看看这个积木块，单击数字，会出现一个方向指针。

1 你可以拖曳指针观察数字的变化，单击积木块查看角色的方向变化。

2 你也可以修改数字观察指针的变化，单击积木块查看角色的方向变化。

你会发现一个数字对应一个指针指向的方向，也就是角色面向的方位。

3.10 面向鼠标指针

这个我明白的，就是朝向鼠标嘛。和 移到 随机位置 很像，我试试控制小猫咪面向恐龙。

动动手

用鼠标控制恐龙转圈。
在恐龙角色下编写这段代码试试。

接下来，我们要一口气学习 4 个积木块。

3.11 四大坐标积木块

这 4 个积木块控制着角色的坐标位置。注意 **x**、**y**、**增加**、**设定** 的区别。

将x坐标增加 10 就是角色水平向前移动 10 步，修改数字移动的距离发生变化。

将y坐标增加 10 就是角色垂直向上移动 10 步，数字的大小决定了上移的距离。

如果换成负数，那么水平方向的向后，垂直方向的向下。

设置坐标值，就相当于把**移动x**、**y**分开来操作。

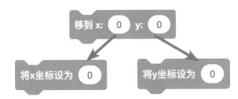

打开**4只小猫咪的位置**案例，我们来操作一下，更好地理解这4个坐标积木块。

移动4只小猫咪

01 黄色小猫咪想到绿色小猫咪的位置，它的x坐标应该增加多少呢？黄色小猫咪的坐标是x=-100，y=100，绿色小猫咪的坐标是x=100，y=100，黄色小猫咪的x坐标要从-100变成100，需要增加200。

试一试，为黄色小猫咪添加**将x坐标增加200**积木块。

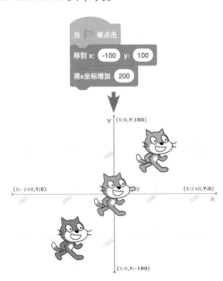

黄色小猫咪移动到之前绿色小猫咪的位置，将绿色小猫咪盖住了。

02 再将黄色小猫咪移动到粉色小猫咪的位置。黄色小猫咪现在的坐标是x=100，y=100，粉色小猫咪的坐标是x=-100，y=-100，那么x坐标需要减少200，y坐标需要减少200。

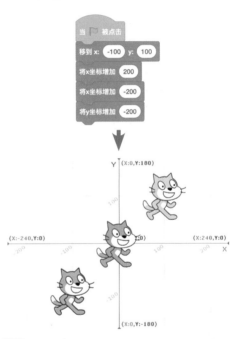

03 将蓝色小猫咪通过坐标设定移动到x=100，y=-100的位置。

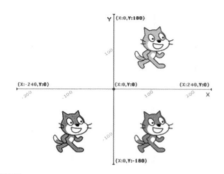

04 再将粉色小猫咪移动到黄色小猫咪之前的位置，只需要增加y坐标。

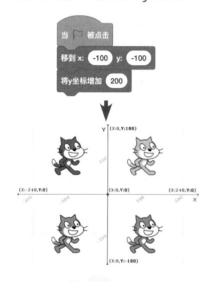

角色坐标的操作讲解完了，你学会了吗？现在我们来看看这个积木块，可能只看字面意思不太好理解呢。

3.12 碰到边缘就反弹

碰到边缘就反弹

我们运用它试一试，删除小猫咪

角色，添加箭头角色，注意观察箭头的移动轨迹。

箭头的反弹

碰到边缘：

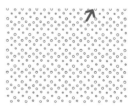

反弹：

多次修改面向方向30度、60度，再次观察箭头的移动是不是就像弹球一样。

碰到边缘：

反弹：

再试试小猫咪角色。

碰到边缘：

反弹：

哦，小猫咪颠倒了。

在箭头角色翻转的过程中，我们还没看出来。但是换成小猫咪，我们发现角色不仅左右翻了个身，而且还颠倒了过来。

这不是我们想要的小猫咪来回行走的效果，需要怎么将角色回到正立状态呢，我们继续学习吧。

3.13 将旋转方式设为左右翻转

将旋转方式设为 左右翻转 ▼

角色倒过来了，说明旋转方式不对哟。角色碰到边缘后发生反弹，角色不仅左右翻转了，还发生了上下翻转，所以我们看到的小猫咪是颠倒的。

看看旋转方式都有哪些：

左右翻转

试一试：

设置这种旋转模式后，无论是反弹、右转、左转，还是改变方向，角色都只会左右翻转，而不会跟随角度的变化进行旋转。

不可旋转

角色不会转动。

任意旋转

选择各种旋转方式，看看角色的变化。

角色可以自由旋转，想旋转1度就旋转1度，哪怕旋转360度都可以。

3.14 角色的坐标和方向属性

整个运动模块就只剩下3个积木块了，我们是不是学习得很快？

这3个积木块分别用来显示角色的**x坐标**、**y坐标**和**方向**，属于角色属性的展示。

每个角色都有对应自己的3个属性。未勾选状态，不展示在舞台区：

勾选状态，展示在舞台区：

勾选小猫咪的3个属性，棒球选手未勾选，舞台区展示效果：

同时勾选小猫咪和棒球选手，舞台区展示效果：

果果洞察

注意观察不同角色的3个信息，前面会将角色名显示出来，方便我们区分信息和角色的关系。

第4章　外观模块

外观

　　外观模块是模块中较为简单的一个积木模块，但它充满了神奇的图画效果，可以创造出千奇百怪的图画特效，你准备好了吗？下面我们开始学习外观模块中的20个积木块。

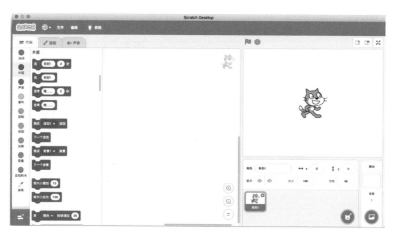

　　Scratch 3.0相比Scratch 2.0多了一个积木块。

下一个背景

开始吧，我们一个一个学习。

还是老样子，我们一个一个试试吗？

对的呀，进入第一个积木块。

4.1 说声你好

小猫咪打招呼

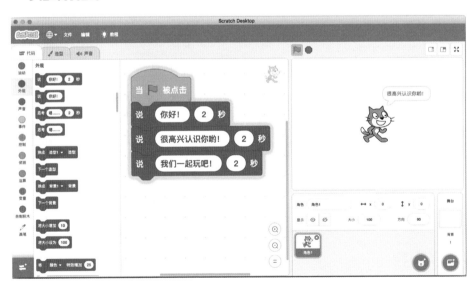

我发现了它们的区别，让我来给大家讲解一下区别吧。

果果区别

这个积木块带了一个时间小尾巴，通过我的测试发现，"你好！"只显示了两秒，就换到了下一句，还可以任意修改说话的时间呢。

2 秒过去了

如果它下面没有其他说积木块，它就会一直说下去。

过去很久了

4.2　一起来思考

这次我们要一次学习两个积木块。

这两个积木块的区别就是展示时间不同。我们看看它们和说积木块的区别。

注意它们气泡的样子是不一样的，这样我们就可以区分是说话还是思考了。

4.3 变幻造型

换成 造型1 ▼ 造型

运用它，我们可以
让角色动起来，一
起来试试吧。

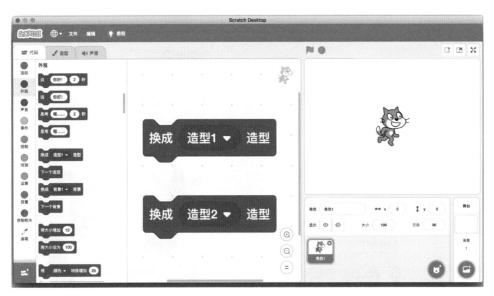

尝试来回地单击这两个积木块，可以看到小猫咪的变化。

造型 1

脚本区

造型列表

舞台区角色的样子：

造型 2

脚本区

造型列表

舞台区角色的样子：

但是这样单击切换太累了，我们换一个方式试试。

给它装上一个**重复执行**积木块，这样小猫咪就会奔跑了。

奔跑的小猫咪

接下来，我们来场动物聚会吧。

动物聚会

把你喜欢的动物都邀请到舞台区，然后添加**奔跑的小猫咪**中的代码，单击小绿旗，看看它们都在干什么。

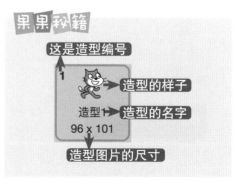

4.4 背景变换

操作角色后，
我们再来看看
背景吧。

上楼串门

首先进入背景库，将卧室和城堡背景添加到背景列表。

然后我们开始串门吧，选择不同的背景。

我们要实现这样的效果：
上楼去第一间卧室；
再上楼去第二间卧室；
再上楼去第三间卧室。

步骤再细化是这样的：

编写效果的脚本吧。

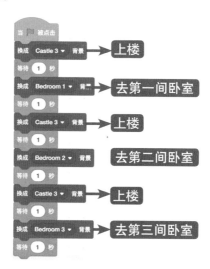

小猫咪就按照我们的脚本开始串门了。

一起来试试吧。

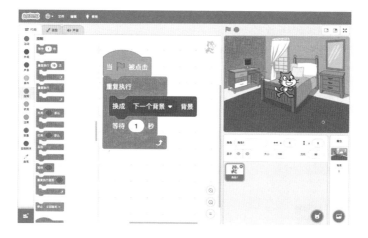

尝试它们是不是有一样的功能。

4.5 变大变小

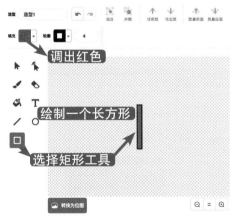

有了这个积木块，我们就可以制作孙悟空的如意金箍棒啦。

如意金箍棒

先来绘制一下，单击绘制角色。

绘制如意金箍棒

01 先绘制金箍棒的中间部分。

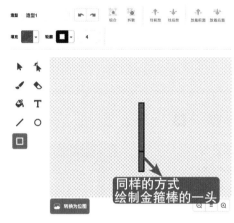

02 绘制金箍棒的两头。

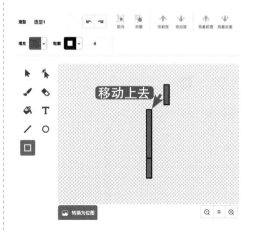

03 复制已经绘制的一头，移动到另一头。

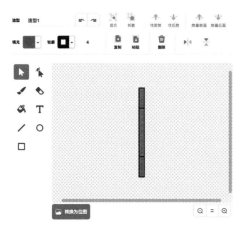

04 在给顶端和底部都绘制一个小圈圈。

绘制一个小圈圈

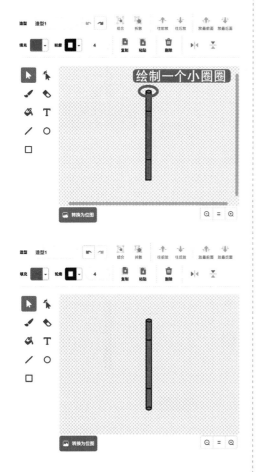

05 给金箍棒上色。

调出金黄色

给金箍棒上色

选择颜料桶

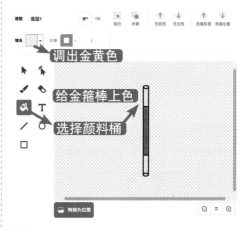

06 写上文字如意金箍棒。

1. 调出合适的颜色

3. 选择中文

2. 选择文字工具

4. 输入如意金箍棒，然后拖曳调节位置和大小

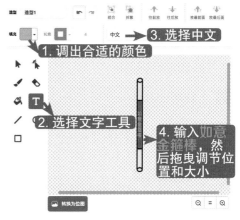

控制如意金箍棒

控制它不断变大：

重复执行

将大小增加 10

控制它不断变小：

控制它不停地旋转：

接下来，我们将变大、变小和旋转合并到一起，看看有趣的效果。

果果问题

你有没有遇到过金箍棒变得很大、变得很小的时候？

你是怎么解决的呢？

这个时候你要操作它变大或者变小很多次，才能回到初始大小。

啊！超级大了。

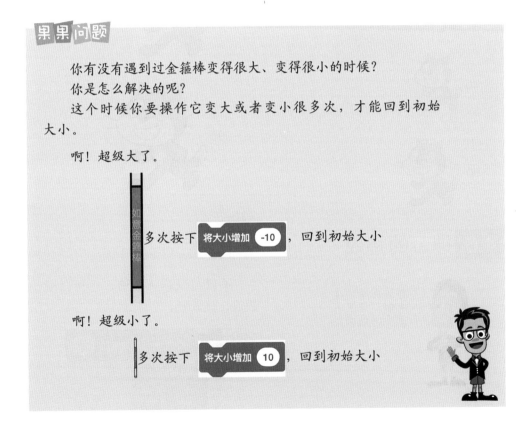

多次按下 将大小增加 -10 ，回到初始大小

啊！超级小了。

多次按下 将大小增加 10 ，回到初始大小

我感觉下面这个积木块就可以很好地帮我解决问题。

它可以直接调整角色的大小。

100就是角色的初始大小，数字越大，角色越大，数字越小，角色越小。

20

40

60

80

100

120

200

4.6 神奇的特效

超级有趣的要来啦，这里有很多特效哟！

它有很多的特效类型，我们一个一个试试看。

不仅可以增加数值，还可以减小数值，试试吧。

单击小绿旗或者小红圈就可以将特效清除哟，回到最开始的样子。

每次给小猫咪角色增加25点颜色特效，看看它的变化。

变色小猫咪

观察小猫咪的变化。

看看增加鱼眼特效会怎么样吧，你还可以试试减小效果哟。

试试它，很有趣的。

一起来看看漩涡的效果，不断单击积木块，看看角色的变化。

漩涡特效就像我拧衣服一样，哈哈。

试试它，很神奇的哟，非常适合做时空穿越的效果。

试试看。

原来像素化最后会看不见呀。

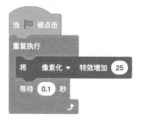

将 马赛克 ▾ 特效增加 25

马赛克是这样的效果哟。

哇，感觉有了幻影的效果。

增加亮度，单击开始吧。

每单击一次，亮度增加25，增加到100就超级亮了，小猫咪都成白色了。

对比它和亮度的区别，虚像是透明的，增加到100后小猫咪就看不见了。

我们来对比一下亮度和虚像。

给小猫咪加一个背景，我们就可以看出它们的区别。

亮度从1增加到100，就成白色啦。

将 亮度 ▼ 特效增加 100

亮度还可以减小呢，从0减小到-100，一起看看吧。

当亮度到-100的时候，就全黑啦。

再来看看虚像，增加到100，就彻底透明看不见啦。

将 虚像 ▼ 特效增加 100

你试试减小虚像值，能得到什么效果呢？

将 颜色 ▼ 特效设定为 0

将特效设定为一个固定的数值，找到你想要的效果，将数值记录下来并填写进去。

特效设定可以作为角色效果初始化使用，如果你想回到最初的效果，它是最佳选择。

清除图形特效

虽然小绿旗和小红圈都可以消除特效，但是它们会重新启动和终止程序。

所以，如果你想要清除特效，使用清除图形特效吧。

特效真的是太有趣了，我添加了很多角色，给了它们各种效果。

特效的混杂

4.7 隐身

单击隐藏积木块，舞台区的角色就被隐藏了。

单击显示积木块，舞台区隐藏的角色就显示出来了。

这样就可以给角色制作隐身效果啦。

4.8 移动一下前后

拍集体照

果果老师，我遇到问题啦。小猫咪拍集体照片，但是小猫咪被挡住啦。

这就是我们接下来要学习的积木块！

我们用这两个积木块将角色小伙伴们都拍进照片。

看看，小猫咪被很多角色挡住了，我们把它移到最前面吧。

给小猫咪添加代码：

Frank太大了，它挡住了很多小伙伴，我们把它移动到最后面。

Tera被Llama挡住了，它只被一个角色挡住了。

我们可以将Tera上移一层。

也可以将Llama下移一层。
这样小伙伴们就都可以露脸了。

4.9 看看造型的属性

表示当前角色展示的造型编号，图中圈圈里的就是造型编号。

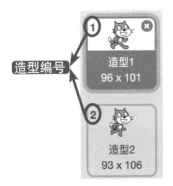

勾选后，可以在舞台上看到角色

的造型编号。

表示背景的编号。

说出背景编号

不断切换背景，让小猫咪将背景编号说出来。

勾选大小，让它展示在舞台区。

观察大小属性的变化

调整角色的大小，观察大小属性的变化。

外观模块给了我们视觉的感受，你学会了吗？

第 **5** 章 声音模块

声音

声音模块一共有9个积木块。

5.1 进入声音模块

单击扩展:

在扩展模块中选中音乐模块：

这样在软件的模块区就多了一个音乐模块：

音乐模块还有这么多积木块：

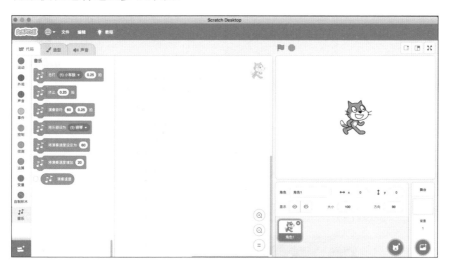

到声音模块啦，我的作品是不是可以发声了呀！

呀，我让小猫咪"喵，喵，喵"叫个不停呢，太有趣了。

对的呢，之前我们创作的作品都没有声音。学习了这个模块之后，我们的作品会更有特色、更加饱满呢。

5.2 播放声音

播放声音 喵 ▾ 等待播完

> 我们还是把积木块拖曳出来，搭建个程序看看吧。

案例——小猫叫个不停

给小猫咪角色编写这段代码，这样小猫咪在单击小绿旗后就停不下来了。

如果听烦了，想要停止它，单击小红圈。

> 我是不是可以添加更多的动物，做个百兽齐叫呢？

> 哈哈，这个想法挺有趣，不过你不怕吵吗？我感觉这会很吵哟。

> 不过很有意思呀，我会关小点声音，这样就不会打扰别人了。

案例——百兽齐叫

添加这些小动物，看看它们的声音是否都是不同的。编写和小猫咪一样的程序，让它们发出自己的声音。

这两个积木块的功能是一样的吗？

果果帮助

它们有区别，好像少了几个字：**等待播完**。

第一步：根据积木块的描述推测它们的功能。

播放声音 喵▼ 等待播完 会在声音播放完后，才会执行下面的积木块。

播放声音 喵▼ 下面的积木块会跟随声音同步进行。

第二步：验证我们的想法，搭建例子来试试。
一开始没有说话，声音播放完后，才有了"你好！"。

重新创建一个项目，试试这段代码。声音和"你好！"同时出现。

第三步：将我们获得的结论记录下来。

> 播放声音积木块可不是这么简单的哟。

它还有更加高级的功能。

5.3 录制声音

单击下拉箭头，出现了录制功能。

通过这个功能，我们可以录制想要的声音，比如歌曲或者我们说的话。
如果是在线版，就可能会遇到这个情况，记得要单击允许哟。

单击录制按钮，进入声音的录制。

注意观察声波，如果是直线，那么应该没有录入声音。要检查设备，比如有没有耳麦或者开关有没有打开。

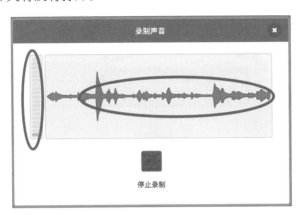

单击停止录制，可以试听一下。

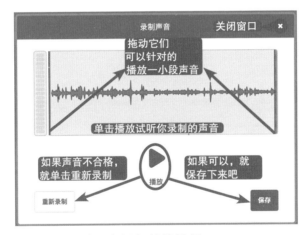

保存声音后，我们还可以给它添加其他效果。

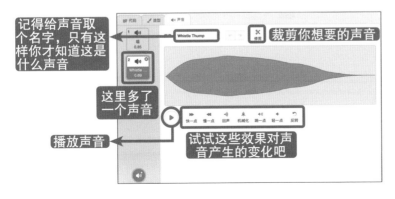

5.4 声音裁剪

试试裁剪功能吧。

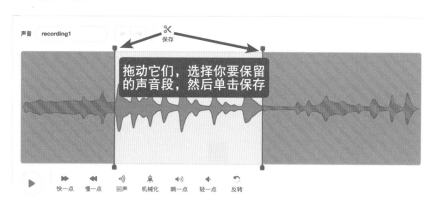

只剩下中间那么一段了，不过它展开了。

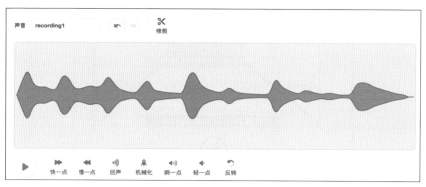

如果你操作错了，那么还可以撤销和恢复。

5.5 看看声音库

Scratch 3.0有一个丰富的声音库。

好好地玩一把，接下来我们要停止声音了。

5.6 停止所有声音

停止所有声音

这个积木块，我们直接使用吧，我相信没有人不知道它是干嘛的。

那是当然，文字已经写得很清楚啦。这么说来，我停止声音，就不用单击小红圈了。

对的呀，如果我们的小动物都在运动，单击小红圈，运动也会停止呢。

5.7 调节音效

闻声感受积木块

我会自学积木块呢，我来试试它。

案例——提高音调的小猫咪

这样小猫咪的叫声就越来越尖了。

运用这个积木块可以固定音调。

案例——音调不同的小猫咪叫声

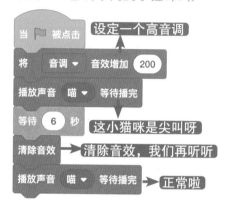

设定一个高音调

这小猫咪是尖叫呀

清除音效，我们再听听

正常啦

如果你觉的声音不够大，还可以调节音量。

5.8 调节音量大小

-10将会把音量减小，声音就越来越轻。

10将会把音量加大，声音就越来越响。

案例——小猫叫声越来越小

将音量设为 `100` %

固定音量大小，为了保护大家的耳朵，音量最大不能超过100哟。

想要看看现在音量是多少，还可以勾选它在屏幕上观察。

音量

到这里，声音模块的学习就结束了，如果你对音乐模块感兴趣，可以提前自学哟。

我们也会在学习扩展模块的时候一起学习。

第6章 事件模块

事件

事件模块一共有8个积木块。

果果老师，运动、外观、声音我还能理解，但是事件我不明白。

不明白是吗？不着急，运用我们之前的学习方法，掌握了所有积木块，再来理解它。

　　其实呀，只要你明白了这些积木块的共同点，它叫作事件还是别的名称就没那么重要了。

6.1 准备要启动了

第一个，我们已经很熟悉了。

它是我的老朋友
了，它还有一个
小伙伴▶。

它们需要配合使用。
单击小绿旗程序会运行，这是因为在程序的一开始插上了**当小绿旗被点击**。

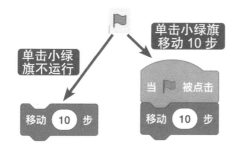

事件模块里
的积木块都
是一类的。

6.2 操作按键

当按下空格
键是什么？

我明白啦。
就是小绿旗和空格键的区别，这是小意思。

果果推理

如果**当小绿旗被点击**积木块的功能是单击小绿旗，执行它下面的积木块程序，那么**当按下空格键**积木块的功能就是按下空格键，执行它下面的积木块程序。

按下空格键就执行它下面的程序。

案例——空格键控制小猫咪转圈圈

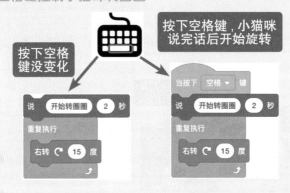

悟性挺高。这个积木块可厉害啦！

我们按下电脑键盘上的不同按键，它都可以对应展示不同的功能。

包含空格键、上移键、下移键、左移键、右移键、26个字母键、0~9十个数字键，还有一个任意键，无论按什么按键都会执行下面的程序。

案例——遥控喷火龙

01 添加喷火龙角色。

02 设置喷火龙变化的造型。

03 接下来，通过按键控制喷火龙变大、变小。

按下a键，喷火龙变大：

按下b键，喷火龙变小：

04 重头戏来了哟，玩游戏的时候，我们通过键盘上的 **上、下、左、右** 按键控制角色移动。今天我们要用这4个按键遥控喷火龙。

按下上移键：

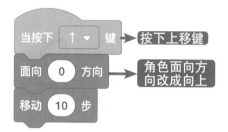

按下下移键：

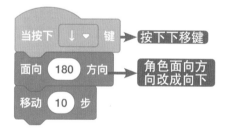

按下右移键：

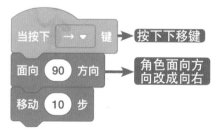

按下左移键：

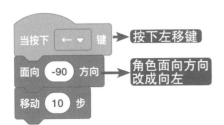

你可以试试按上移键，向下走。
还可以按上移键说Hello呢。

是不是按上移键，角色就要往上移动呢？

我觉得Scratch的积木块其实挺好学习的，因为文字说明就很好懂呢。

那可不是呢，按什么键执行什么程序都是你说了算的。

6.3 我被单击了，想干什么

当角色被点击

就是单击角色，执行下面的程序。

应该是吧，老样子：猜想→尝试→看结果。

案例——单击喷火龙

每单击一次喷火龙，它就会变换一种颜色，还会改变造型呢。

6.4 背景变换事件

这个积木块似乎有点难度。

我们一起来看一个例子。

案例——Gobo的奇怪旅行

01 添加Gobo角色。

02 添加各式各样的背景，将它们的背景名称也修改一下。

沙漠

海底世界

太空

篮球场

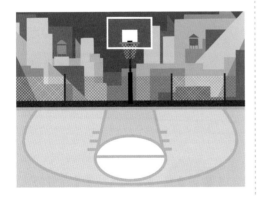

卧室

89

舞台

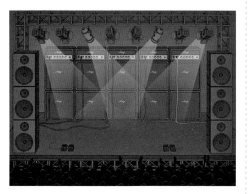

03 既然我们要学习背景切换的代码，那么让背景变化起来吧，每3秒钟变化一个背景。

04 第一个背景是空白。

05 当换成其他背景时，我们说一句不同的话，然后运行看看。
换成篮球场

换成卧室

换成舞台

换成沙漠

换成太空

换成海底世界

06 运行程序，看看每个背景对应说的话。

我懂了，换成不同背景的时候，会执行不同的程序。

6.5 响度事件

这个积木有一个大于号，说明它是用来比较的。

可以选择**响度**或者计时器来和一个数字进行比较。

记得打开声音，如果是台式机，就要准备麦克风。

要使用它，我们需要先来到侦测模块。

侦测

再勾选响度和计时器：

注意观察变化哟。

案例——声控小猫咪
尝试大声说话，你会发现小猫咪

会在你说话后，发出叫声和旋转。

观察舞台区的响度数值，根据你声音的响度调节积木块中的数值。

响度 `3`

响度越大，数值越大。

案例——时间到，该起床了
单击小绿旗看看吧。

观察计时器的变化。

计时器 `94.03`

接下来，我们一起学习3个积木块，因为它们是配套使用的。

6.6 Scratch 里的广播

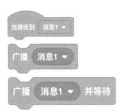

之前我们操作的都是一个一个的角色，今天我们多个角色联动。

但是怎么通过一个角色通知其他角色呢？

广播体操就是用广播来告诉大家要进行的动作。因为广播声音洪亮，可以传递给很多人。在Scratch中也有这样的广播。

我们来试试吧。

案例—— 一起跳舞吧

创建一个新广播消息，单击 新消息。

或者

输入消息名称，单击确定。

创建消息后，给小猫咪编写代码。

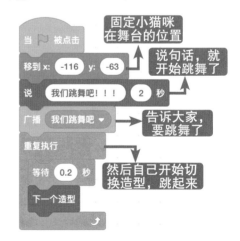

小猫咪发送了 我们跳舞吧 的广播，那么恐龙是不是需要接收广播呢。

固定恐龙在舞台的位置，并且让它转过来。

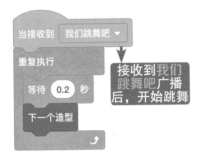

然后编写恐龙接收代码后的操作。

接收到**我们跳舞吧**广播后，开始跳舞

一定要注意广播的对应，发出了**我们跳舞吧**的广播，那么需要跳舞的角色一定要接收**我们跳舞吧**的广播。

如果接收的是**消息1**广播，恐龙就不知道要做什么了。

多了一个"并等待"有什么区别呀？

我们试一试?

案例——跳出节奏

我们换了个场景，还邀请了大象一起参与我们的舞蹈。这次我们要跳一个有节奏、有顺序的舞蹈。

小猫咪先跳动，然后是大象，最后是恐龙。

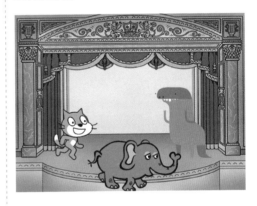

广播**我们跳舞吧**

接收**我们跳舞吧**广播
大象你先开始并等待

接收**大象先开始**广播

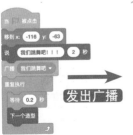

发出广播

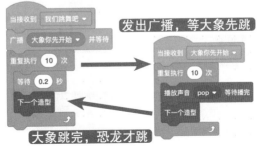

发出广播，等大象先跳

大象跳完，恐龙才跳

原来 [广播 消息1 ▼ 并等待] 会让接收到广播的角色先执行程序，自己再执行操作。

程序执行顺序是这样的：

01 恐龙执行 [广播 大象你先开始 ▼ 并等待]。

02 大象执行 [当接收到 大象你先开始 ▼]。

03 大象执行接收广播后的操作：

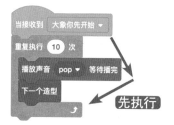

04 恐龙要等待大象执行完操作后，才开始执行自己的程序。

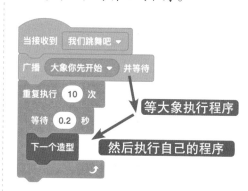

我们稍微修改一下代码，再看看它们执行的顺序。

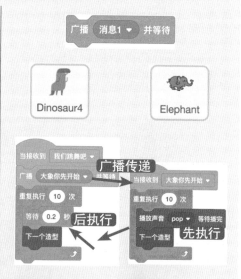

有时可能就是**并等待** 3 个字的差别，功能和效果就完全不同了。所以我们一定要仔细。

第 **7** 章　控制模块

控制

控制模块一共有11个积木块。

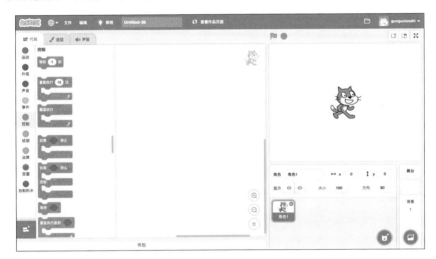

果果对比

Scratch 3.0和2.0在控制模块中有一个积木块的区别哟！

Scratch 2.0在条件成立之前一直等待

Scratch 3.0等待条件成立

菱形积木块是条件判断类型。

很高兴你能一路学习到这里。从这里开始，我们要进入控制模块啦。

控制模块听上去很高级呀，感觉它可以掌控万物。

7.1 等一等

等待 1 秒

这个积木不仅之前学习了，而且还运用了很多次。

在这里要考考你了，请问1分钟等于多少秒，1小时等于多少秒。

很简单！1 分钟等于 60 秒，1 小时等于 3600 秒。

如果要等待 1 分钟和 1 小时，要怎么编写代码呢？

1分钟=60秒

等待 60 秒

1小时=60分钟=3600秒

等待 3600 秒

7.2 重复，重复，再重复

重复执行10次，它有次数呢。

运行一次，角色只会旋转10次。　　　运行后，角色不停地旋转。

修改圈圈里的数字，就可以改变大嘴巴里程序执行的次数。

案例——小猫咪旋转一圈

选择小猫咪角色，给它编写这段代码。

小猫咪旋转了一圈，又回到了开始的位置。

旋转一圈就是一个圆，一个圆有360度。
如果1度1度地旋转，就需要旋转360次。
如果10度10度地旋转，就需要旋转36次。

案例——打扫房间赚钱

再出一个计算题考考你，每天帮妈打扫房间可以赚取12块钱，一年365天，可以赚多少钱呢？

每天赚12块钱，就是每天加12块钱，加365天，也就是12块钱加了365次。

新操作

01 拖曳出**当小绿旗被点击**和**重复执行……次**积木块。

02 将数值10修改成365，因为我们需要相加365次。

03 单击变量模块，这个我们后面详细学习，这里先借来用用。

变量

04 里面有一个我的变量，将设为和增加积木块拖曳到脚本区。

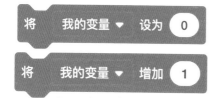

05 一开始手上的钱是0，我们用我的变量来记录，将它设为0。

06 每天增加12块钱，将增加程序放入大嘴巴里。

07 打扫卫生每天可以赚12块钱，将增加1改成增加12。

08 勾选我的变量，这样它就显示出来了。

09 看舞台中的我的变量。

7.3 一直重复，怎么都停不下来

重复执行积木块，我们之前一直在使用，这里就不再重复了。

它可以将大嘴巴里的程序永不停息地执行。

7.4　如果……那么……

造句学习

如果……那么……

这是一个条件语句，我们先用它来造句。

1 如果下雨，那么就要打伞。

2 如果今天完成了作业，那么明天就可以去玩了。

3 如果上课铃响了，那么就要回教室上课了。

案例——老师提问

请问4+5等于几？

如果你的回答等于9，那么回答正确。

我们用程序来试试吧，又需要问侦测模块借两个新积木块了。

用来提问：

不过我们需要把问题换一换，输入"请问4+5等于几？"。

询问　请问4+5等于几？　并等待

用来收集答案：

回答

先将代码组合起来：

接下来，我们需要拿回答和9进行对比。

如果回答=9，我们就需要在中间的菱形框中装入这个比较。

在运算模块中找到等于号。

修改成回答=9，把回答积木块拖曳到左边的圈圈中，把50修改成9。

将最后的代码拼接起来。

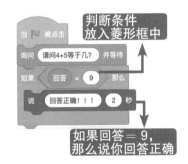

判断条件放入菱形框中

如果回答＝9，那么说你回答正确

如果回答错误呢，好像没有反应呢。

7.5 那么不够，再来否则

那就需要接下来的积木块了。

继续造句吧。

1 如果你努力学习，那么会取得好成绩，否则考试会不及格。

2 如果你按时起床，那么能准时到学校，否则可能要迟到了。

继续上面的程序，如果回答错误，会怎么样？

案例——回答错误

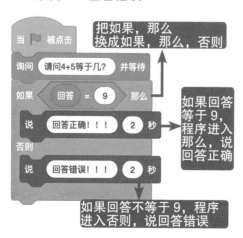

把如果，那么换成如果，那么，否则

如果回答等于 9，程序进入那么，说回答正确

如果回答不等于 9，程序进入否则，说回答错误

果果总结

要明白什么时候会执行**那么**里面的程序，什么时候会执行**否则**里面的程序哟。

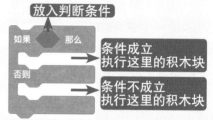

放入判断条件

条件成立执行这里的积木块

条件不成立执行这里的积木块

积木块后面还有凸槽，所以可以继续拼接积木块，而且无论菱形里面的条件怎么样，下面的积木块都会执行。

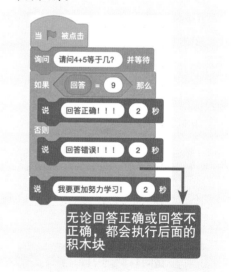

无论回答正确或回答不正确，都会执行后面的积木块

7.6 等待什么

等待积木块里面也有一个菱形框，看样子它里面也是放条件的。

不懂它是什么意思，都不知道怎么尝试了。

遇到这种情况，我们又要开始造句了。

1 等待雨停了，再出发。

2 等待下课铃响起，再回家。

案例——打球去

还有10秒钟就下课了，下课后Jamal要去打球。

添加Jamal角色和学校背景。

再次使用**侦测**模块中的计时器，并且勾选**计时器**，这样我们可以时刻看到时间的变化。

等待10秒过去，Jamal再去打球。

计时器没到10，程序不会执行说。

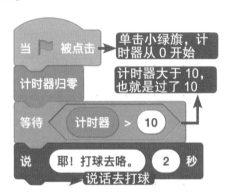

单击小绿旗，计时器从0开始

计时器大于10，也就是过了10

说话去打球

果果总结

等待积木块下面的程序需要在菱形框条件成立后才会执行。

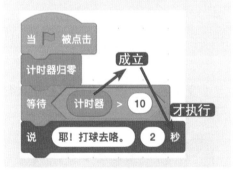

成立

才执行

为了让程序更有趣，给它增加一些代码。

Jamal一开始在学校，等过了10秒来到篮球场。

多添加一张篮球场背景，然后编写代码。

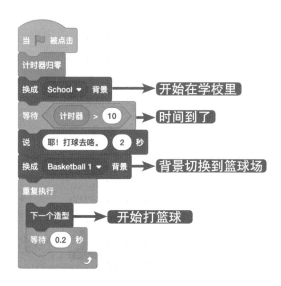

开始在学校里

时间到了

背景切换到篮球场

开始打篮球

7.7 重复执行到条件成立

重复执行直到 ◆

这个积木块和<u>等待</u>积木块还是挺像的呢。

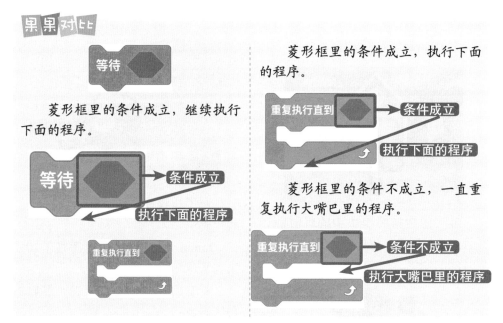

等待

菱形框里的条件成立，继续执行下面的程序。

等待 ◆ → 条件成立

→ 执行下面的程序

重复执行直到 ◆

菱形框里的条件成立，执行下面的程序。

重复执行直到 ◆ → 条件成立

→ 执行下面的程序

菱形框里的条件不成立，一直重复执行大嘴巴里的程序。

重复执行直到 ◆ → 条件不成立

→ 执行大嘴巴里的程序

案例——小猫咪一直走

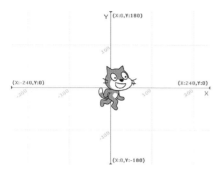

这几个积木块挺深奥的呀，费了我不少脑筋。

不过你还是挺厉害的，这都被你掌握了。

试试一直走，直到x坐标大于200，停止不走了。

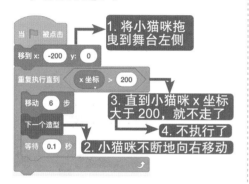

1. 将小猫咪拖曳到舞台左侧

3. 直到小猫咪x坐标大于200，就不走了

4. 不执行了

2. 小猫咪不断地向右移动

7.8 停止

停止 全部脚本 ▼

发现倒三角选一个选项。

停止全部脚本，下面不能再拼接程序了。

停止 全部脚本 ▼

停止这个脚本，下面不能再拼接程序了。

停止 这个脚本 ▼

停止该角色的其他脚本，下面还

可以继续拼接程序。

停止 该角色的其他脚本 ▼

停止，我都被绕晕了。

我们还是通过程序来比较吧，这样会更加清晰。

103

案例——投掷球

添加Pitcher和Baseball角色，添加Soccer 2背景。

棒球投掷出去，一直移动，直到x坐标大于200，不再执行移动程序。

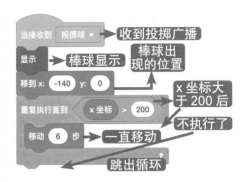

停止　全部脚本 ▼

效果演示。

编写Pitcher角色的发球代码。

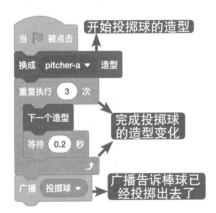

编写Baseball角色的代码。

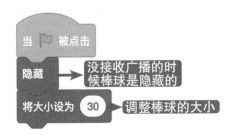

果果老师，我完成了投掷球的效果。

好的，那么开始尝试停止程序的效果啦。

回到Pitcher角色，加上这么一段代码。

单击小绿旗，尝试在不同时间按下空格键，看看程序的变化。

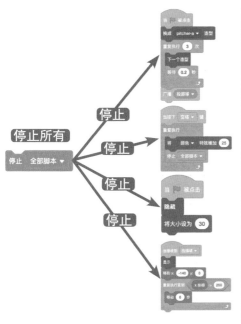

停止所有

运行看看效果哟!

Pitcher 和
Baseball 角色的
脚本都没有停止,
只是停止了自己所
在的脚本。

停止全部
脚本,真是
名副其实
呀。

它把所有角色的程序都停止了。

停止效果。

单击倒三角切换停止模式,停止
这个脚本。

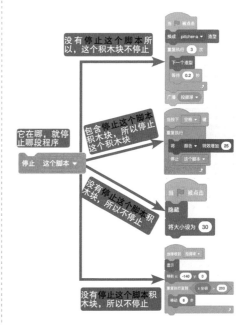

停止效果。

单击倒三角切换停止模式,停止
该角色的其他脚本。

105

运行看看效果，没有停止棒球的移动，也没有停止颜色的变化，只是停止了选手的造型变化。

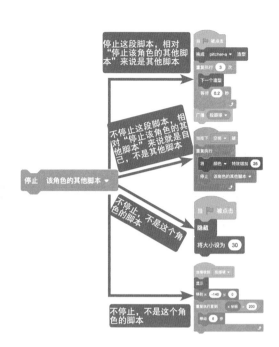

7.9 黑科技：克隆

当作为克隆体启动时

克隆 自己 ▼

删除此克隆体

我要克隆一个我，来帮我做作业；克隆一个我，来帮妈妈做家务；克隆一个我，来帮爸爸工作。

那么真实的你，去干什么呢？作业还是要自己完成，可不能随便克隆哟！

刺猬越来越少了，我们先来克隆刺猬吧。

案例——克隆刺猬

开始克隆吧，每5秒钟克隆一只小刺猬。

添加小刺猬角色，删除小猫咪角色。

单击小绿旗，重复执行克隆，每5秒钟克隆一只刺猬。

过一段时间，拖曳刺猬角色，你会发现多了很多刺猬。

这些刺猬都是克隆出来的呢。

过20秒钟就多出了4只刺猬。

在克隆中，有本体和克隆体。

最开始的刺猬叫作本体，其他被克隆出来的刺猬叫作克隆体。

现在有很多只刺猬，想知道哪只刺猬是本体，只需要稍微操作就可以知道。

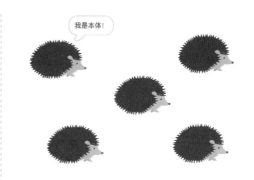

小绿旗角色下面的脚本只能操作本体，不可以操作克隆体。

如果要操作克隆体，就需要使用它。

如果你想克隆出来的刺猬可以说话，就在它下面增加代码吧。

观察本体和克隆体，说的话是不同的哟。

让克隆体走起来吧，这样我们就不用拖开它们了。

但是克隆的刺猬太多，有点泛滥了。这个时候我们可以删除克隆体。

每过6秒钟，删除克隆体。记住操作克隆体需要在**当作为克隆体启动时**的下面哟。

果果秘籍

当作为克隆体启动时积木块可以多次使用。

每个克隆体功能模块可以使用一次。

控制模块真是太棒了，有了它，我可以编写很多厉害的程序了。

第 **8** 章 侦测模块

侦测

侦测模块一共有18个积木块。

果果对比

Scratch 3.0的侦测模块中没有视频侦测模块。
把视频侦测模块单独放到了扩展模块中。

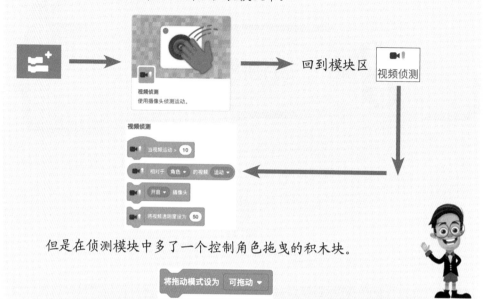

开始学习侦测模块吧，这里有很多侦测小士兵，它们很有意思呢。

侦测小士
兵，好棒
呀！

侦测模块中的
积木块很多都
要和如果……
积木块配合使
用，来看看吧。

8.1 小心，触碰到了

这么说，这个积
木块可以帮助我
判断角色有没有
碰到鼠标？

你说呢？做个
程序试试效果
吧。

案例——鼠标踢足球

学会了这个积木块，我们就可以用鼠标来踢足球了哟。

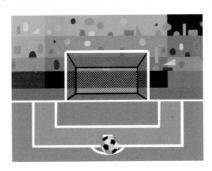

功能实现是这样的，足球碰到鼠标就被踢进球门。

1 固定足球在草坪的位置。

2 判断鼠标有没有碰到足球。

3 调节足球的Y坐标增加，让足球射进球门。

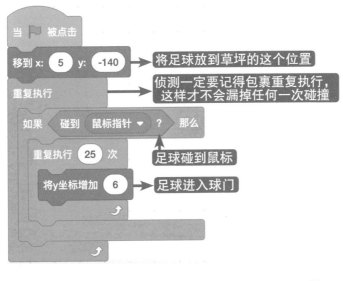

哇，鼠标踢足球，真棒哟！

我们优化一下程序，添加踢足球的声音。

声音是发生在鼠标碰撞的时候哟。

→ 添加声音

这不就是踢球的声音，哈哈。

我们再来优化一下，让足球滚动起来吧，踢一个旋转球。

让足球旋转起来

案例——控制Ben来踢球

新建一个作品。

这次踢球，我们增加一个队员

Ben，并且换一个全场的足球场。

首先，我们需要完成Ben跟随鼠标移动来踢球。

Ben跟着鼠标移动。

Ben的踢球造型变换。

然后选择足球角色，这里的程序和之前非常相似。

唯一的区别：不是鼠标踢球，而是Ben来踢球。

碰到鼠标

碰到Ben

足球碰到 Ben

不仅可以侦测角色有没有触碰到鼠标，还可以侦测两个角色之间有没有触碰。我发现它还可以侦测碰撞边缘呢。

8.2 颜色的碰撞

这个侦测小兵就是判断有没有碰到小圈圈里的颜色吧？

如果五角星角色碰到小圈圈里的颜色，那么条件成立。

这个时候单击积木块就会说true。

如果五角星角色没有碰到小圈圈里的颜色，那么条件不成立。

这个时候运行积木块就会说false。

厉害了，我的小精灵。

哈哈，看来举一反三的思维，我学的还不赖。

考考你吧，你可以运用这个积木块做一个小作品吗？

案例——颜色识别碰撞

制作一个可以碰撞变色的五角星。

添加Star角色，然后在背景上绘制彩色小圈圈，并且添加五角星造型。

01 一起来吧，选中Star角色，进入造型列表。

02 给造型编写名字，取名：黄色。

造型 （黄色）

03 找到画板中的颜料桶工具 。

04 选择颜色，用吸取工具取到五角星的颜色。

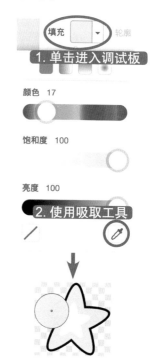

05 选择背景，进入背景画板。

06 选择画板上的圆形工具绘制圈圈。

07 保留从五角星上取下来的颜色。

填充 ▢ ▾

08 来到后面的轮廓，选择透明模式，这样我们的圆圈就没有轮廓的颜色了。

09 绘制一个小圆圈，按住Shift按键可以让你的圆圈很圆哟。

10 在背景上使用选择工具，选到小圆圈。

11 将复制出来的小圆圈拖曳到背景中你想要的位置。

12 重复复制小圆圈，让背景上有6个甚至更多的小圆圈。

13 回到Star角色，右击，复制一个造型。

14 找到画板中的颜料桶工具。

15 在调色板中调出红色。

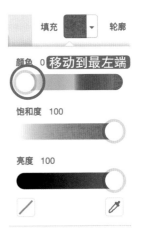

16 给五角星填充红色。

17 来到背景画板，使用颜料桶给一个圆圈也填充红色。

18 重复回到五角星，创建新的造型，在背景上给小圆圈填充新的颜色。

6个五角星创建好了。

还有背景的6个小圆圈。

19 先让五角星运动起来，朝着鼠标方向移动，这样我们就可以随心所欲地控制它了。

20 如果五角星碰到背景的黄色小圆圈，那么五角星就变成黄色。

21 选取黄色，将绿色变为黄色。

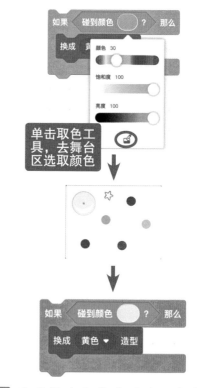

22 用同样的方式编写其他颜色的脚本。

记得修改五角星对应的颜色造型哟！

红色

绿色

蓝色

紫色

粉色

将积木块全部组合起来嵌入重复执行中，试试效果吧。

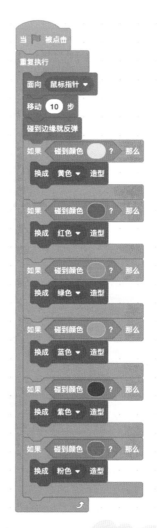

哈哈，太有意思了，五角星会根据碰到的颜色发生变化。

117

8.3 颜色识别颜色

颜色 碰到 ?

再来看看这个积木，它是用来检测两种颜色有没有碰到的。

那么它不就可以检测角色某个部位的碰撞了吗？

这都被你发现了呀！不仅如此，背景也可以，这个时候我们考虑的不是角色，而是颜色之间的碰撞。

案例——青蛙吃虫子

这是一个超级有趣的小游戏，我们用鼠标控制青蛙移动，通过空格键控制青蛙捕捉虫子。

果果秘籍

变换角色，将角色进行拆分。

（1）添加 Frog 2 角色，然后复制这个角色，这样角色列表就有两个角色了。

首先我们要自己来改编角色，需要将一个角色变成两个角色。

01 在角色库中找到 Frog 2，通过造型操作将它变成两个角色：青蛙和飞虫。

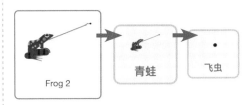

现在青蛙的舌头上就没有虫子了，把虫子变成了一个新的角色。

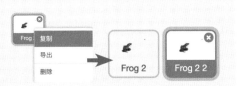

（2）来到第一个角色 Frog 2，进入造型列表，我们要将它变成只有青蛙的角色。

选中第一个造型，单击画板中的**选择**按钮。

单击虫子，虫子变成这样。

按下删除键，虫子就没有了。

用同样的方法将第二个造型中的虫子删除。

然后来到Frog 22角色，将不要的青蛙删除。

果果秘籍

调整角色的中心位置，拖曳角色，将角色中心移动到画板中心。

对于飞虫，我们有两种移动方案，你也可以按照自己的移动方案移动。

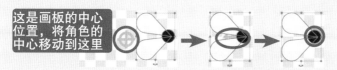

这是画板的中心位置，将角色的中心移动到这里

对于青蛙，我们可以这样拖曳到中心。

02 完成两个角色的变化后，我们需要制作虫子飞舞的效果。

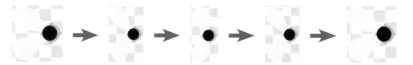

给虫子制作一个扇动翅膀的造型，通过造型的变化就有了飞舞的效果。

果果秘籍

操作造型，让造型变化起来。

切换到飞虫角色的造型列表，使用画板的选择工具，单击飞虫的翅膀。

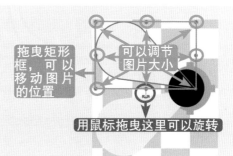

拖曳矩形框，可以移动图片的位置

可以调节图片大小

用鼠标拖曳这里可以旋转

119

复制出新的造型，然后将两个翅膀调整成一步一步张开。

然后添加飞虫翅膀合拢的造型，只需要将之前的造型复制，拖曳到合适的位置就可以了。

根据飞虫翅膀张开、合拢的顺序拖曳排列造型。

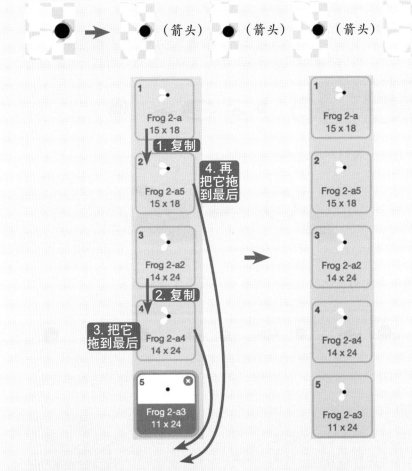

这样，我们就通过变换造型的方式让虫子有了飞舞的效果。

03 完成角色的造型操作后，给这个小游戏添加一张背景。

04 添加角色、制作造型、添加背景的准备工作就完成了。

现在要进入代码编写环节了。

我准备好了。

完成飞虫飞舞的造型变化。

这个我知道呢，只需要让飞虫的造型变化起来就可以啦！

真棒，这样飞虫就有了飞舞的效果。但是它还不会移动，让它移动起来吧。

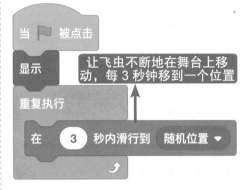

让飞虫不断地在舞台上移动，每3秒钟移到一个位置

是不是该操控青蛙角色了？

恩，让青蛙跟随鼠标移动，按下空格键就吐舌头捕捉飞虫。

青蛙跟随鼠标移动，一开始青蛙没有吐舌头，调整青蛙的造型。

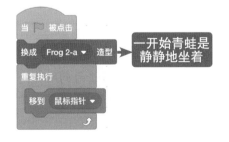

一开始青蛙是静静地坐着

121

按下空格键，青蛙吐舌头。

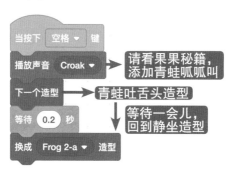

果果秘籍

寻找合适的声音，在青蛙角色中切换"声音"选项。

切换"声音"选项：

进入系统声音库：

在声音库中选择动物类别，帮助我们更快地找到合适的声音。

鼠标移动上去，听听这些声音，选择合适的声音。

听听看，这就是青蛙的叫声：

轻松玩转 Scratch 3.0 编程（第 2 版）

122

单击将声音添加到角色中来，可以看到角色的声音选项中多了一个声音。

拖曳出播放声音积木块，选择Croak声音。

但是青蛙怎么样才能捕捉到飞虫呢？

当我们按下空格键时，青蛙就会吐舌头，在青蛙舌头碰撞到飞虫时，飞虫就被吃掉了。

果果洞察

　　问题来了，我们之前学习的角色碰撞不管用了，因为只有青蛙的舌头碰撞到飞虫才可以呀。

　　青蛙的舌头有颜色，飞虫的头部也有颜色。

　　青蛙的舌头是绿色的，飞虫的头部是黑色的，那么我们只需要判断绿色有没有碰到黑色就可以了。

　　不过这里需要注意哟，要排除相同颜色的干扰。

05 编写飞虫被捕捉的程序代码，单击飞虫角色。

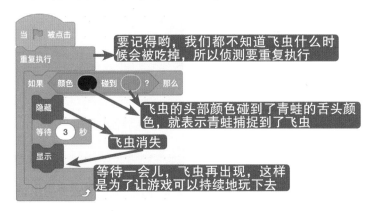

要记得哟，我们都不知道飞虫什么时候会被吃掉，所以侦测要重复执行

飞虫的头部颜色碰到了青蛙的舌头颜色，就表示青蛙捕捉到了飞虫

飞虫消失

等待一会儿，飞虫再出现，这样是为了让游戏可以持续地玩下去

黑色和绿色是怎么进到积木块的圈圈里的呀？

一起来看果果秘籍吧。

果果秘籍

看看我们是怎么取到颜色的。

将青蛙造型切换到吐舌头的造型，然后开始取色。

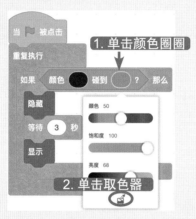

将取色圈圈移动要取的颜色位置——青蛙舌头上，当大圈圈的颜色和你要取的颜色一样的时候，单击一下，颜色就取好了。

练一练，尝试取飞虫的黑色。

这样就完成青蛙吃虫子的小游戏了。如果你已经会使用变量了，就可以增加得分。如果还不会，那么我们继续学习吧。

碰撞系列，我们就学习得差不多了。不过侦测小士兵可不止这一个本领呢，还有很多本领，我们一起去看看吧。

8.4 判断距离

到 鼠标指针 ▼ 的距离

侦测距离积木块可以侦测角色和鼠标之间的距离，还可以侦测两个角色之间的距离。

那么厉害，好想试一试呀。

那就来吧，一起试一试吧。

案例——小猫咪目测距离

一辆Bus向小猫咪开来，小猫咪通过侦测距离积木块不断说出Bus和自己的距离。

正在行驶的Bus，注意哟，Bus是从右向左行驶的，每次需要移动-1步。

目测距离的小猫咪不停地说出距离。

想要知道到City Bus的距离，记得要从鼠标指针切换到要侦测的角色。

真的是太强大了！

再来看看距离鼠标的距离吧。

切换到**鼠标指针**，移动鼠标看看小猫咪说的距离。

8.5 你问，我答

询问和回答总是配合着出现的。它负责发出询问：

它负责收集你的回答：

案例——你来问，我来答

给你准备了4个问题，分别是《西游记》《水浒传》《三国演义》《红楼梦》的作者，看看你能不能回答正确。

请问《西游记》的作者是谁？

小意思啦。

首先准备好4个询问和判断。

1 询问《西游记》的作者。

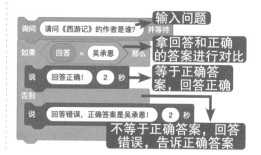

输入问题

拿回答和正确的答案进行对比

等于正确答案，回答正确

不等于正确答案，回答错误，告诉正确答案

2 询问《水浒传》的作者。

询问 请问《水浒传》的作者是谁? 并等待

如果 回答 = 施耐庵 那么

　说 回答正确! 2 秒

否则

　说 回答错误，正确答案是施耐庵! 2 秒

3 询问《三国演义》的作者。

询问 请问《三国演义》的作者是谁? 并等待

如果 回答 = 罗贯中 那么

　说 回答正确! 2 秒

否则

　说 回答错误，正确答案是罗贯中! 2 秒

4 询问《红楼梦》的作者。

询问 请问《红楼梦》的作者是谁? 并等待

如果 回答 = 曹雪芹 那么

　说 回答正确! 2 秒

否则

　说 回答错误，正确答案是曹雪芹! 2 秒

然后将它们组合起来，插上小绿旗。

当 ▶ 被点击

询问 请问《西游记》的作者是谁? 并等待

如果 回答 = 吴承恩 那么

　说 回答正确! 2 秒

否则

　说 回答错误，正确答案是吴承恩! 2 秒

询问 请问《水浒传》的作者是谁? 并等待

如果 回答 = 施耐庵 那么

　说 回答正确! 2 秒

否则

　说 回答错误，正确答案是施耐庵! 2 秒

询问 请问《三国演义》的作者是谁? 并等待

如果 回答 = 罗贯中 那么

　说 回答正确! 2 秒

否则

　说 回答错误，正确答案是罗贯中! 2 秒

询问 请问《红楼梦》的作者是谁? 并等待

如果 回答 = 曹雪芹 那么

　说 回答正确! 2 秒

否则

　说 回答错误，正确答案是曹雪芹! 2 秒

设计你想问的问题去考考你的小伙伴吧。

8.6 看看你按了什么按键

按下 空格 ▼ 键?

上面这个积木块是不是和下面这个非常像呢?

当按下 空格 ▼ 键

按下 空格 ▼ 键? 是侦测积木块，只能用来做判断。

 是事件积木块，不仅可以用来做判断，还可以触发事件。

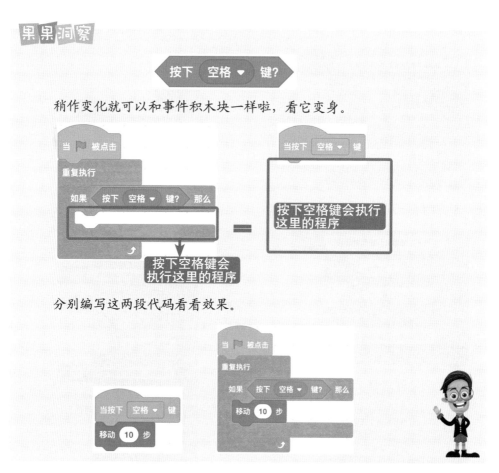

果果洞察

按下 空格 ▼ 键?

稍作变化就可以和事件积木块一样啦，看它变身。

按下空格键会执行
这里的程序

按下空格键会
执行这里的程序

分别编写这两段代码看看效果。

它有各种按键可供你选择。

按下 空格 ▼ 键?

✓ 空格
↑
↓
→
←
任意
a
b
c
d

案例——守门员

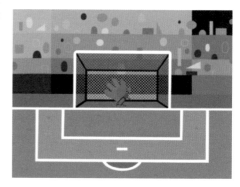

按下右移键，控制角色向右移动。

按下左移键，控制角色向左移动，x坐标减10。

按下上移键，控制角色向上移动，y坐标增加10。

按下下移键，控制角色向下移动，y坐标减10。

将按键侦测组合起来，记得侦测需要重复执行哟。

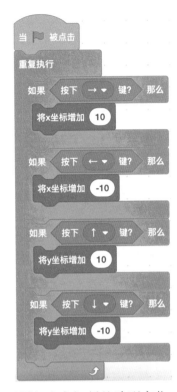

再增加点守门员的造型变化。

129

8.7 鼠标被按下

用来侦测鼠标被按下，试试吧。

案例——控制翼龙

按下鼠标，执行如果……那么程序块中的程序。

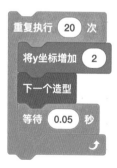

将翼龙飞起落下的程序编写好。

飞起，y坐标增加，使用重复执行是为了看到翼龙移动的效果。

落下：

将代码组合起来。

按下鼠标，看看翼龙的飞起落下。

8.8 跟踪鼠标

看到椭圆的积木块，就知道这是可以获取到信息的积木块。

单击它们，一个可以显示鼠标的x坐标，一个可以显示鼠标的y坐标。

案例——让鼠标逃不出我的手心

添加两个角色：一个说出鼠标的x坐标：

另一个说出鼠标的y坐标：

缺了重复执行，鼠标的位置就只会说一次哟。

8.9 角色的拖动问题

创作的时候，这是编辑模式：

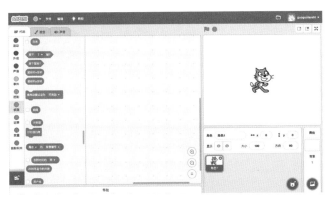

创作完成后，想要查看演示效果，将进入全屏模式。

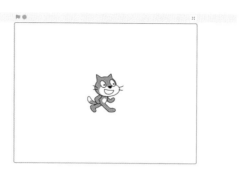

通常情况下，全屏模式的角色不能像编辑模式这样随意地拖动。如果想要在全屏模式下拖动角色，需要设置拖动模式。

可以拖动 将拖动模式设为 可拖动 ▾ ，不可以拖动 将拖动模式设为 不可拖动 ▾ 。

配合小绿旗试试效果吧。

8.10 侦测声音大小

我记得这个积木块，之前学习过。

允许使用电脑的麦克风功能，勾选上响度，就可以在舞台上看到声音的响度了。

对比看看：

案例——响度控制舞蹈

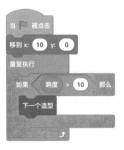

舞蹈是由一系列的动作连贯组成的，我们通过响度来让跳舞的小女孩动起来。

如果声音响度大于10，小女孩的舞步就切换到下一个。

如果声音响度再大一点，大于20的话，还可以旋转呢。

8.11 工具计时器

计时器

计时器归零

之前我们已经使用过了，在这里我们来制作一个赛跑计时器。

案例——赛跑计时器

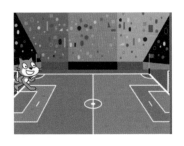

添加场地背景和红线角色，用来判断跑步选手有没有到达终点。

Line角色：

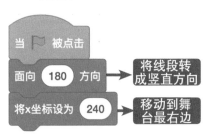

来看跑步选手，小猫咪角色：

轻松玩转 Scratch 3.0 编程（第 2 版）

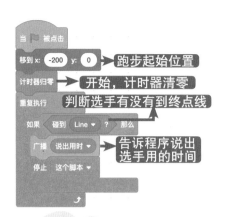

跑步起始位置

开始，计时器清零

判断选手有没有到终点线

告诉程序说出选手用的时间

为什么要停止这个脚本呢？因为选手碰到了终点线就会一直发出广播，这样记录的时间就会发生变化，我们要记录的是选手碰到终点线的第一时间。

哦，明白啦。

选手按下空格键进行移动。

接收到广播，将选手跑步用时说出来。

快去试试吧，看看你跑步用时是多少。

8.12 各种属性

舞台 ▼ 的 背景编号 ▼

圈圈的积木块可以获取信息，这个积木块可以获取舞台和角色的属性。切换单击试试看，看积木块都会说点什么。

看看舞台有哪些属性吧。

看看角色有哪些属性吧。
选择想要查看的角色：

看看角色1的方向是什么：

积木块说出了角色1的方向是90：

我们可以把这个积木块嵌入思考和说积木块里的。

案例——说出苹果的大小
添加苹果角色，让它不断地变大。

然后让小猫咪通过积木块获取苹果的大小，并且说出来。

8.13 你想要知道的时间

当前时间的 年

想要知道现在的年、月、日、星期、时、分、秒，就要靠它了。

案例——让时间展示在舞台上

勾选就可以啦。

哈哈，可没那么简单，虽然是勾选，但是与众不同。

01 勾选年。

舞台上年份出现了。

02 将积木块切换到月，记得要在积木区操作。

取消勾选，然后再次勾选：

舞台区出现了月份，用同样的方法将剩余的星期、时、分、秒都展示出来吧。

年	2019
月	4
日	16
星期	3
时	11
分	48
秒	28

如果你发现少了，可能是因为它们相互遮挡住了。

果果洞察

今天是周二，可是怎么显示 3 呢？

因为在国外，周日是一周的第 1 天，所以周一就是第 2 天，周二就是第 3 天，周六就是第 7 天。

准确来说，翻译成当前时间是本周第几天更加合适。

8.14 这是一个神秘的积木块

2000年至今的天数

多读几遍这个积木块上的文字，理解一下。

我们都知道1天有24小时，1小时有60分，1分有60秒，1秒等于1000毫秒。

如果要问你1毫秒等于多少天呢？不妨试一试。

果果拓展

　　UNIX时间戳（英文为UNIX Epoch、UNIX Time、POSIX Time 或 UNIX Timestamp）是从1970年1月1日（UTC/GMT的午夜）开始所经过的秒数，不考虑闰秒。

　　UNIX时间戳的0按照ISO 8601规范为：1970-01-01T00: 00: 00Z。

　　一个小时表示为UNIX时间戳为：3600秒，一天表示为UNIX时间戳为86400秒。

　　2018年3月11日12时12分12秒转化成UNIX时间戳等于1520741532秒。

　　我们将1520741532秒转成天数看看：

　　1520741532秒（除以60）=25345692.2分

　　25345692.2分（除以60）=422428.203333333333333时

　　422428.203333333333333时（除以24）=17601.175138888885333天

　　这是距离1970年1月1日的天数，那么距离2000年呢？

　　1970和2000相差30年，那么就是相差10950（365乘以30）天。

　　17601.175138888885333-10950=6651.175138888885333天

2000年至今的天数

6643.675155555556

6651天和6643天不对呀。

因为在30年中，每4年有一个闰年，会多出一天。

6651.175138888885333-（30/4）=6643.675138888885333天

积木块获取的是6643.675155555556。

挺开心，感觉很接近呀，可能我单击积木块的时候秒数发生了变化。

8.15 你的名字

登入在线版后，勾选**用户名**可以在舞台上看到你的账户名。

离线版是空白的，因为它没有登入就没有账户名。

这个神奇的模块就学习完啦。

第 **9** 章 运算模块

运算

运算模块一共有18个积木块。

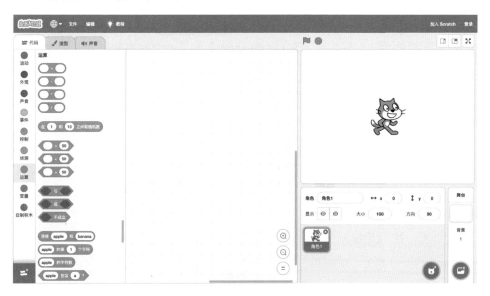

果果帮助

Scratch 3.0和2.0相比，发生了一些细微的变化。

Scratch 2.0中随机数的描述是这样的：**在1到10间随机选一个数**。

> 在 ① 到 ⑩ 间随机选一个数

Scratch 3.0中的描述是：**在1和10之间取随机数** 在 ① 和 ⑩ 之间取随机数

Scratch 2.0在字符串中取字符：第 ① 个字符： world

Scratch 3.0在字符串中取字符： apple 的第 ① 个字符

Scratch 2.0中获取字符串的字符数量： world 的长度

Scratch 3.0中获取字符串的字符数量： apple 的字符数

Scratch 2.0中四舍五入积木块：将 ⬤ 四舍五入

Scratch 3.0中四舍五入积木块：四舍五入 ⬤

数学公式积木块

Scratch 2.0展示出来的是平方根：平方根 ▼ 9

Scratch 3.0展示出来的是绝对值：绝对值 ▼ ⬤

除了这些细微差别之外，Scratch 3.0还多了一个积木块，用来判断字符串中是否包含其他字符串： apple 包含 a ？

如果你很熟练地掌握了 Scratch 2.0，那么通过对比，你可以很快地了解 Scratch 3.0。

接下来，我们开始一个一个地学习这些运算积木块。

太期待了，这一定可以提升我的数学知识。

9.1 加减乘除四则运算

我们一口气来学习加减乘除四则运算吧。

先来看看加法:

加法是基本的四则运算之一,是将两个以上的数合成一个数,其结果称为和。

表达加法的符号为加号"+"。进行加法运算时,用加号"+"将各项连接起来。

把和放在等号"="之后,例如:

1+1=2

做一个计算:5+6,只需要将5写入第一个圈圈,然后将6写入第二个圈圈。

单击一下就计算出了结果,还可以把它放到说积木块中,就会说出答案啦。

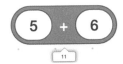

说出答案:

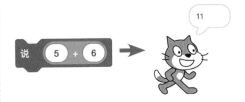

加法还有交换律呢,就是调换加号两边的数字顺序,结果是一样的。
试一试吧。

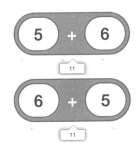

答案都是11。

计算题来啦。

4+6+7+9=?

再计算一下,12+8+5+11=?

很简单,填进去,单击运行就计算出来了。

141

减法是四则运算之一，从一个数中减去另一个数的运算叫作减法。已知两个加数的和与其中一个加数，求另一个加数的运算也叫作减法。表示减法的符号是"-"，读作减号，用来计算减量。

试试计算 20-5。

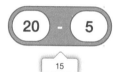

15

再来计算一个：20-5-6-1=?

也是把它们嵌套进去？

20

这样可就错了。
正确答案是这样的：

8

果果提醒

多个数相减和多个数相加可不一样哟。

四则运算积木块会按照单个积木块的顺序完成计算。

这个积木块组合会先执行 6-1=5，然后执行 5-5=0，最后执行 20-0=20。

它是按照单个积木块的顺序执行的，可不是按照前后顺序执行的。

所以 20-5-6-1 要稍微变化一下。

20-5 先组合，再和 -6 组合，最后和 -1 组合。

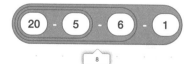

8

一定要注意嵌套组合的顺序哟。因为每一个运算积木块就像括号一样。

它就像这样：20-（5-（6-1））=20。

和我们要计算 20-5-6-1=8 可是不同的呢。

乘法是指将相同的数加起来的快捷方式，其运算结果称为积。"×"是乘号，乘号前面和后面的数叫作因数，"="是等于号，等号后面的数叫作积。

如果要计算：5+5+5+5+5+5=?

用加积木块就需要5个才能连接起来。

我们试试乘积木块吧，6和5相乘。

再来看看多个数相乘：5×7×9×3=945。

除法也是四则运算之一，已知两个因数的积与其中一个因数，求另一个因数的运算叫作除法。

试试吧，已知15，还知道一个因数3，计算出另一个因数5的运算就是除法。

计算15÷3：

再来计算15÷3÷5：

注意积木块的顺序哟。

正确：

这样就错了：

回去看看减法的嵌套。

果果拓展

0不能做除数哟。

四则运算我早就会啦。

果果洞察

积木块里的乘号怎么是这样的："*"？

积木块里的除号怎么是这样的："/"？

在程序中，我们就是用"*"来表示乘号，使用"/"来表示除号。

接下来，我们进行四则混合运算了。

143

题目 1：

18-3*5=?

在这里，我们需要先计算乘法。

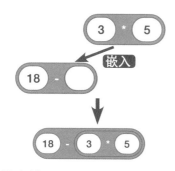

答案是3。

题目 2：

10/2-3+6*2=?

先做乘除：

在计算加减：

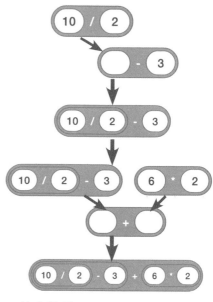

答案等于14。

留一些计算题给你吧。

果果练习

（1）1+2+3+4+5+6=?

（2）13-4-5-6-2=?

（3）6*8*9*4=?

（4）30/3/2=?

（5）5-6/3*2=?

（6）4+6-2*4=?

试试看笔算和用程序计算的答案是不是相等。

9.2 随机数

在 1 和 10 之间取随机数

改变两个圈圈的数字，可以将随机数的范围进行变化。

随机数是在一个范围内的数字中随机选择一个数字。

在1和10之间取随机数。1和10之间一共有10个数字：

1、2、3、4、5、6、7、8、9、10，在1和10之间取随机数就是你任意在这10个数字里面取一个数字。

果果小游戏

准备一个纸盒子，然后准备10张小纸条。

按照1~10的顺序将数字写在纸条上，第一张纸条写1，第二张写2……最后一张写10，然后将它们拧成团，放到盒子里。

从盒子里面随便拿一张纸条，打开纸条，看纸条上的数字，这样我们就取了1~10之间的一个随机数啦。

如果是在3和15之间取随机数，那么这里面包含的数字是：

3、4、5、6、7、8、9、10、11、12、13、14、15

随机数就从这些数字里面取。

案例——掷骰子

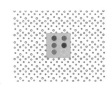

哈哈，搞怪的我决定自己来绘制骰子。

绘制骰子

绘制骰子的6面。

01 先用矩形工具绘制一个正方形。记得按住Shift按键哟。

02 然后用圆形工具在正方形上绘制一点。

03 为了让每一面都一样大，以及每一点都一样大，我们复制造型。

04 拖曳小点到合适的位置，涂上不同的颜色，完成接下来的图形。

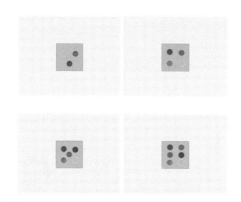

05 6个造型就完成了。

06 接下来，我们来编写它的脚本，实现投掷，让点数变化起来。

07 停下来的时候，展示1~6点中的随机点数。

08 记得将角色名称改成**骰子**，对应造型修改造型名称为**1点**、**2点**、**3点**、**4点**、**5点**、**6点**。

09 将代码组合起来，使用说积木块将点数展示出来。造型的名称对应造型点数。

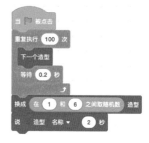

试试看吧，还可以把点数换成做家务，同样可以哟。

9.3 比较运算符

比较运算符，比较后会得到一个逻辑值true或者false。

可以配合条件积木块使用：

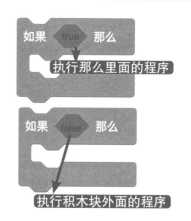

146

1 大于积木块

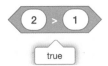 2大于1是正确的，这个比较得到的结果是true（正确）。

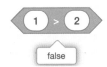 1大于2是错误的，这个比较得到的结果是false（错误）。

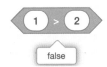

2 小于积木块

 1小于2是正确的，这个比较得到的结果是true（正确）。

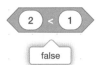 2小于1是错误的，这个比较得到的结果是false（错误）。

3 等于积木块

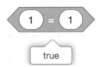 1等于1是正确的，这个比较得到的结果是true（正确）。

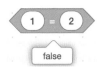 1等于2是错误的，这个比较得到的结果是false（错误）。

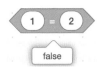

果果洞察

在程序中，不仅可以进行数字的比较，还可以进行字符串的比较。

试试字母a和b的比较。

a小于b是正确的，字母竟然也可以比较大小，太不可思议了，是按照什么样的规则来进行比较的呢？

你可以尝试更换比较运算符两边的字母，会发现什么呢？

发现字母的大小和a、b、c、d……x、y、z的顺序是一致的，越往后字母越大。

这是单个字母的比较，如果是多字母呢？试试吧，会发现它按照从第一个字母往后的顺序进行对比。

同数量字母的比较，abc和acb比较。

比较第一个字母a=a，如果第一个字母相等，那么按顺序比较第二个字母b和c，b<c，那么abc<acb。

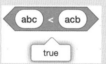

不同数量字母的比较，cbd和accccc比较。

比较第一个字母c>a，这两个字符串就是cbd>accccc，后面的字母不需要比较了。

字母的比较是不管长度的，都是按照字母的顺序从前往后对应字母进行比较，如果前面的字母都是一样的，就继续往后比较，直到遇到一个位置上的字母比较出了大小，就得到了字符串的大小。

字母和数字的比较，a和1比较。

再看看10000和a的比较：

在Scratch中，字母总是比数字大，因为数字和字母比较的场景很少，所以这里就不详细介绍了。

但是这3个积木块就不是太懂啦。

9.4 逻辑运算符

这3个分别叫作**与**、**或**、**不成立**（习惯叫作**非**），它们统称为逻辑运算符，也可以叫作布尔运算符。

1 与

只有当两个菱形框里面的条件都是true的时候，这个程序块得到的结果才会是true。

两个菱形框中只要有一个条件是false，这个程序块得到的结果就是false。

示例：

2>1成立，结果是true，5>2成立，结果是true。

**两个条件都成立
所以最终得到成立，true**

与的两边都是true，所以得到的结果是true。

1>2不成立，结果是false；5>2成立，结果是true。

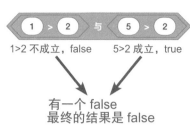

1>2 不成立，false　　5>2 成立，true

有一个 false
最终的结果是 false

与两边只要有一边是false，最终的结果就是false。

2 或

只要有一个菱形框里面的条件是true，程序块得到的结果就是true。

只要有一个是 true
最终结果就是 true

只要有一个是 true
最终的结果就是 true

只要有一个是 true
最终结果就是 true

只有两边的两个条件都是false的时候，程序块执行得到的结果才会是false。

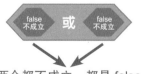

两个都不成立，都是 false
最终获得的结果也是 false

示例：

　　a=b不成立，结果是false；3小于6成立，结果是true。

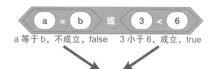

a 等于 b，不成立，false　　3 小于 6，成立，true

两个条件只要有一个成立（是true）最终的结果就是 true

或的两边只需要有一边是true，最终的结果就是true。

　　a=b不成立，结果是false；6小于3不成立，结果是false。

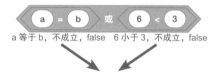

a 等于 b，不成立，false　　6 小于 3，不成立，false

两个条件都不成立，两边都是false，最终的结果是 false

只有**或**的两边条件都是false的时候，最终的结果才会是false。

3 不成立

当这个菱形框里的条件是true的时候，程序执行的结果为false。

成立的东西被说不成立，那当然是 false

　　当这个菱形框里的条件是false的时候，程序块执行的结果为true。

不成立的东西被说不成立，所以是 true

说对啦，这个条件不成立，所以是 true

示例：

　　2=2不成立，错误呀。

　　2=2是成立的，怎么说不成立，所以是false。

2 = 2 成立，是 true

成立的条件被说成不成立，是错误的，最终得到的是 false。

当**不成立**前面的条件结果是true的时候，得到的结果是false。

　　2=3不成立，正确，2不等于3。

2 = 3 不成立

说对啦，2 = 3 是不成立的，所以最终结果是 true

当**不成立**前面的条件是false的时候，得到的结果是true。

明白啦，**不成立**刚好倒过来了。

来试试组合逻辑运算符吧。

① 第一个逻辑判断**2<1不成立**，是true。

true

② 第二个逻辑判断是与，1>2不成立，所以结果是false。

false

③ 用**或**将这两个条件连接起来。第一个条件成立，所以**或**的最终结果就是true。

true

不容易呀，这里绕的我有点点晕了。

有挑战吧，这里需要有耐心，一步一步地细细分析和推理。

福尔摩斯变身！

案例——宇宙飞船

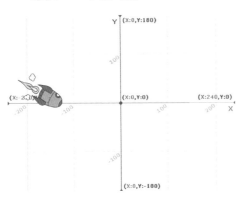

01 添加一张坐标背景和火箭角色。

02 给飞船编写造型变化的脚本，增加效果。

03 编写飞船在舞台中飞行的代码。

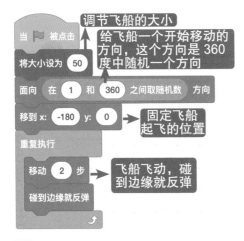

04 设置飞船的安全飞行高度。

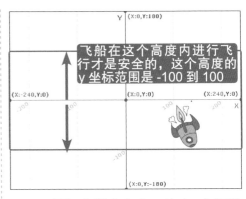

运用与来限定高度，这个y坐标既要大于-100，又要小于100。

飞船在这个范围内飞行，就会说"这个高度挺不错的！！！"。

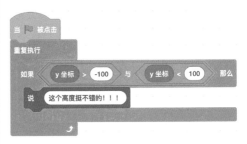

05 如果飞船不在这个高度飞行，就需要发起提醒。

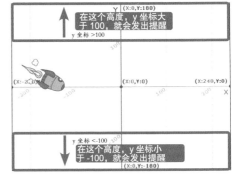

飞船不可能同时出现在这两个区域，也就是说，飞船无论在这两区域

中的哪个区域，都会发出危险提醒。

也就是说，y坐标小于-100或者y坐标大于100都会发出危险提醒。

06 将舞台分为两部分，x坐标大于0和x坐标不大于0。

如果x坐标大于>0，那么发生space ripple声响。

07 如果x坐标不大于0，也就是大于0不成立，发出laser1的声音。

08 将代码组合起来，再试试效果吧。

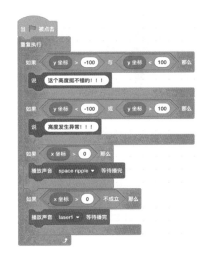

比较运算符和逻辑运算符都需要仔细分析哟，一步一步进行比较和推理。

遵命。

接下来的几个积木块比较简单，也正好放松放松。

9.5 连接起来

看看连接积木块的效果吧。

果果洞察

注意观察

这里还有一个空格

连接 apple 和 banana

我说怎么apple和banana中间有间隔呢。

案例——自我介绍

为什么要用拼接呢？

拼接可以固定格式，你看这样就固定好了自我介绍的格式。

我叫+名字+来自+地址

后面介绍的小伙伴就只需要修改**名字**和**地址**，不用重复打出整句话了。

如果换成说的话：

9.6 找出字符串的第几个字符

尝试一下就知道啦。

它可以获取字符串中的字符。

apple的第一个字符是a，我们试试看第二个对不对：

完美，也是正确的。

案例——获取姓和获取名

我们的名字是由姓和名组成的，姓在前，名在后。

比如，我的名字叫作刘凤飞。

请问我的姓是什么呢？

我的姓是刘凤飞的第一个字符。

运用拼接将我的姓说出来。

再试试说出名吧，名有两个字符，分别是第2个和第3个。

然后拼接起来。

但是有些小朋友的名字不是3个字呢。

也就是说，这样说出姓名的方式只适合名字是3个字的小伙伴。

看看下一个积木块，它可以告诉你的名字是几个字符。

9.7 数数字符串一共有多少字符

单击运行看看，你再数数apple有几个字母。

哇，真是想要什么功能就来什么积木块呀。

哈哈，我知道老师的名字有几个字符啦。

9.8 字符串里有 a 吗

只要字符串里有要检测的字符，就能得到true的结果。

true

apple里面没有c，我们试试c看看，结果是false。

false

9.9 求出余数

可能你还没有学习到余数，那么这里可以跳过，也可以看一下这个小例子。

如果有7个苹果分给3个小朋友，要让每个小朋友的苹果数量一样，可以这样进行分配：

先给每个小朋友分1个苹果，这样还剩余4个苹果，可以继续分配。

再给每个小朋友分1个苹果，这样还剩余1个苹果，再分配的话，就有小朋友多了一个苹果。

这样分配每个小朋友能获得2个苹果，最后还有1个苹果多了出来。

7除以3等于2，余数就是多出来的这个苹果。

1

这个积木块可以更加快速地帮助我们计算出余数。

哈哈，我有一个办法，把剩余的苹果切片或者榨汁再分下去。

鬼灵精怪的。

9.10 四舍五入

天啦，这章简直就是学习数学呀。

是的呢，我们继续学习四舍五入吧。

在取小数的近似值的时候，如果尾数的最高数字是4或比4小，就把尾数去掉。如果尾数的最高值数字是5或比5大，就把尾数舍去并且向它的前一位进1，这种取近似数的方法叫作四舍五入法。

晕晕的。

看看例子吧，这样你就能明白了。

6.5，尾数5=5，把尾数5去掉，向前进1，四舍五入的结果是7。

3.9，尾数9>5，把尾数9去掉，向前进1，四舍五入的结果是4。

4.4，尾数4<5，把尾数4去掉，四舍五入的结果是4。

9.2，尾数2<5，把尾数2去掉，四舍五入的结果是9。

在实际情况中，有时四舍五入只能入。

比如，一辆车只能乘坐4人，有22个人需要搭载，请问需要几辆车呢？

22÷4=5.25，但是没有0.25辆车，也不能超载，所以需要6辆车才能全部坐下。

在实际情况中，有时四舍五入只能舍。

比如，一辆汽车加满汽油需要20升。现在有50升汽油，一共可以加满几辆车呢？50÷20=2.5，但是没有0.5辆车。

所以只能加满2辆车啦。

9.11 求绝对值

这里，我们用说积木块将这个特性运算积木块的结果展示在舞台上。

绝对值是什么呢？绝对值就是无符号的数。

它的几何意义是指一个数在数轴上所对应的点到原点的距离，因为距离没有正负。

它的代数意义是正数的绝对值就是它本身，负数的绝对值是它的相反数，0的绝对值是0。

绝对值用 | 表示。

看看例子：

表示|-1|，结果是1。

表示|1|，结果是1。

|-1|=|1|=1。

表示|0|，结果是0。

单击它的下拉小箭头。

我都惊呆了，没有一个我能看懂。

9.12 看看什么是取整

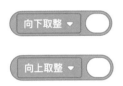

向下取整和**向上取整**

向下取整，不管四舍五入的规则，去掉小数部分，只保留整数部分就好了。

向上取整，不管四舍五入的规则，只要后面有小数，去掉小数部分，然后前面的整数部分加1。

3.4 向上取整，去掉小数部分4，整数部分加1，最终的结果就是4。

3.4 向下取整，去掉小数部分4，保留整数部分，最终的结果是3。

0.8 向下取整，去掉小数部分8，保留整数部分，最终的结果是0。

0.8 向上取整，去掉小数部分8，整数部分加1，最终的结果就是1。

9.13 平方根的奥秘

平方根是指已知一个乘积，找出哪两个相同的数字相乘可以得到这个乘积。

比如，已知一个乘积9，它的平方根是多少？

我们要去找找哪个数字乘以自身可以得到9。

想想乘法表：3×3＝9。

对的，9的平方根就是3。

9的平方根还有一个呢，就是负三（-3）。

（-3）×（-3）=9

负数没有平方根哟，看看小猫咪说出NaN。

> 后面的特殊运算符还有三角函数、对数等，在这里就不详细讲解了，因为实在是太难了。

第**10**章 变量模块

变量

这就是变量模块，它不仅可以建立变量，还可以建立列表。

Scratch 2.0这个模块叫作数据。

在数学里，变量是指没有固定的值，可以改变的数。

在程序里，变量可以是数字或者字符串。

在程序中，我们经常用来存放数字和字符串。

既然要学习变量模块，那么首先我们需要学会如何建立变量。

在游戏里面使用最多的一个变量就是得分。

对的呀，之前我们的项目都没有得分呢，现在我要给它们都加上。

那么我们来创建第一个变量游戏得分。

10.1 原来这就是变量

建立变量

01 单击建立一个变量。

建立一个变量

02 打开新建变量窗口。

03 将变量名字输入框中。

果果秘籍

变量的命名可是有讲究的，需要取一个好记，好懂的名字。

比如，游戏得分，一看就知道它是存储了游戏的得分。

如果是这样的变量名：dsaflkasdkfjl，我就表示看不懂了。

04 单击确定，**游戏得分**变量就到了积木区。

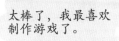

05 勾选后，**游戏得分**就展示在了舞台区。

 创建**游戏得分**后，我们开始制作一个小游戏吧。

太棒了，我最喜欢制作游戏了。

案例——收集钻石

在太空中，我们控制Dot收集钻石。

添加太空背景，添加Dot和Crystal角色。

01 编写按键控制Dot移动。

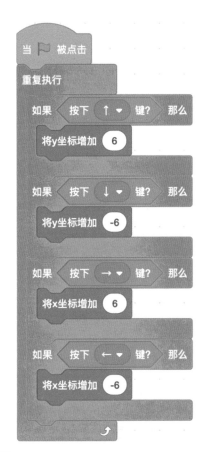

02 Dot行走的造型变化。

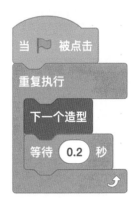

03 Dot角色中最后一个造型不太合适，将它删除。

163

04 用画笔给Crystal的造型画点光芒。

选择黄色 填充

05 钻石会出现在舞台的任意位置，我们使用**移到随机位置**积木块。

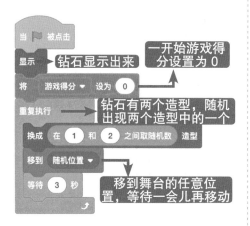

果果秘籍

变量使用前一定要初始化哟。

比如，游戏得分是从0开始的，得分后增加1。

倒计时可能是从3开始的，然后变化：2、1、0。

06 判断Dot角色有没有触碰到钻石，如果碰到，就收集它，同时发出声音。

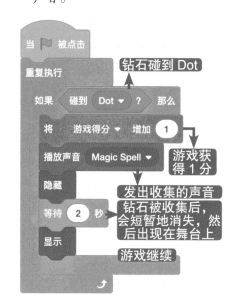

我们一起来看看变量的积木块功能吧。

将**我的变量**设置为一个数字或者字符串，修改白色圈圈里的数字看看。

不管之前**我的变量**是什么，设定后都会变成白色圈圈里的数字或者字符串。

如果**我的变量**等于5，运行增加1，**我的变量**就会变成6。

你想要加10，就将1修改成10。如果想要减去一个数字，就在数字前面加一个负号，比如-2。

字符串不能加减哟。

单击倒三角可以修改变量名称和删除变量。

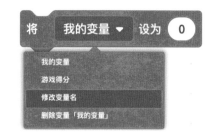

10.2 变量的显示和隐藏

变量在舞台上显示还是不显示，它们说了算。

单击舞台上的变量，或者右击，可以选择变量在舞台上的不同展示形式。

正常显示：

大字显示：

滑杆：拖动中间这个圈圈可以控制变量变大、变小：

10.3 强大的列表

建立一个列表

列表可以有规律地记录多个变量，如果一个变量可以记录一个小朋友的名字，那么列表可以记录多个小朋友的名字。

现在就用列表来记录我们班级小朋友的名字吧。

和创建变量一样，创建一个列表，取名字叫作**班级小朋友名字**。

10.4 往列表里输入名字

将6个小朋友的名字输入：可乐、小明、小奶昔、小红、果果、凤飞。

删除不要的数据

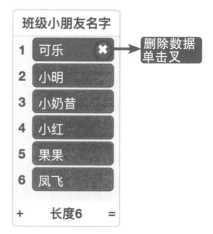

接下来，我们使用积木块来操作列表。

10.5 添加内容

修改白色圈圈里的内容，添加到列表。

10.6 删除列表中的项目

想要删除哪个编号的项目呢？

如果4号的小红转学了，我们就需要删除她。

还可以一次性删除列表中的所有项目。

10.7 在列表中插入项目

在可乐同学前面添加飞飞同学。

10.8 修改列表中的项目

小明改名字了，叫作明明，我们需要将他的名称修改一下。
找到小明在列表中的编号是2。

10.9 获取列表中的项目内容

10.10 从列表中找出第一个项目的编号

我现在想要找到凤飞同学的编号。

10.11 获取列表中的项目数

想要知道班级里一共有多少个学生，用它获取项目数就可以啦。

10.12 项目里面有没有这个内容

想要知道班级里有没有果果同学，就使用判断包含积木块。

10.13 列表的显示和隐藏

显示列表 班级小朋友名字 ▼ 隐藏列表 班级小朋友名字 ▼

列表在舞台的显示与隐藏。

10.14 修改列表名称和删除列表

有了变量和列表，我就可以存放很多内容了。

第11章 自制积木

自制积木

自制积木模块可以创建属于我们自己的积木块。

比如，旋转行走积木块，每走10步，向右旋转15度。

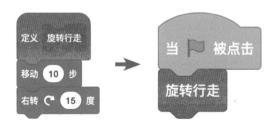

果果对比

在Scratch 2.0中叫作更多积木。

我们就用它来创造一个造型变化积木块吧。

11.1 创造造型变化

01 单击制作新的积木。

> **制作新的积木**

02 给新积木取一个清晰好懂的名字。

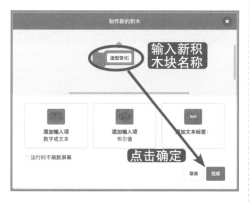

03 给它编写功能，造型变化的功能就是重复地切换造型。

04 使用它，看看它的效果是不是和我们写的功能一样。

05 看看小猫咪的造型变化。

171

哇，这是我自己的积木呢。

一开始，我们就介绍**旋转行走**积木，你可以尝试把它创建出来吗？

创作好了，我们继续深入学习吧。

如果我想要的不是移动10步，旋转15度，而是移动20步，旋转30度，怎么办？

比如，我第一次想要移动10步，旋转15度，第二次想要移动20步，旋转30度。

如果我直接修改积木里的数字，那么两次还是会一样呀。

有没有好办法解决呢？

11.2 增加参数

看看下面的办法。

我们想要的是这样一个积木，既可以修改移动步数，又可以修改角度。

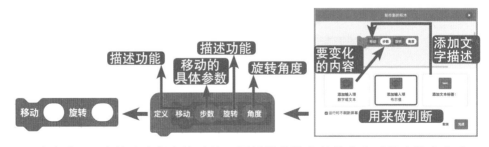

试试看吧，完善这个程序的功能，用具体的数字替换会变动的步数和角度。

连接到小绿旗下面，看看角色的变化。

等待一秒，感觉一下区别。

现在你会了吗？

看看圈圈的这些内容，你可以先行研究，我们将在后面的章节陆续加深学习。

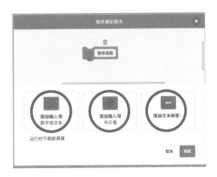

第 12 章 音乐模块

♫♪
音乐

音乐模块一共有7个积木块。

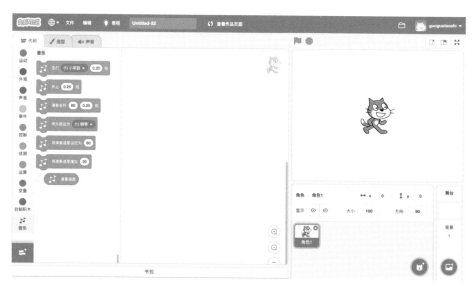

Scratch 3.0将声音模块和音乐模块分开了，音乐模块隐藏在扩展模块中。

Scratch 2.0的声音模块和音乐模块是在一起的。

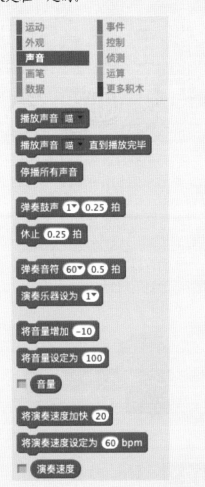

12.1 击打乐器

你有没有敲打过鼓呢？

这里面有着各式各样的鼓，都来试试吧。

案例——制作各种击打乐器

我们在舞台区添加了很多击打乐器，然后给它们分别设置不同的击打乐器类型。

将每种击打乐器的音乐对应舞台上面的乐器，感觉难度很大。

我们可以适当地修改击打乐器，然后添加到不同的乐器上。

单击乐器发出声音，变化造型。

给乐器都添加上面的代码吧。

还有一种方式可以让乐器的声音更加真实。从角色中的声音模块中拖出对应乐器的声音。

单击舞台中不同的乐器，然后拖曳**当角色被点击**，拼接**播放声音**，再拼接**下一个造型**。

完成所有的角色，然后单击演奏一曲吧。

12.2 休止积木块

控制音乐休止……拍。

12.3 演奏音符

它可以很好地帮助我们演奏琴键音符，一起来看看吧。

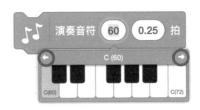

单击对应琴键就可以演奏了，还可以通过左右按键来选择。

案例——弹奏一首生日快乐歌

生日快乐歌

1=C $\frac{3}{4}$

孙世房 制谱

$\underline{5\ 5}$ | 6 5 $\dot{1}$ | 7 - $\underline{5\ 5}$ | 6 5 $\dot{2}$ |

$\dot{1}$ - $\underline{5\ 5}$ | $\dot{5}$ $\dot{3}$ $\dot{1}$ | $\overset{\frown}{7}$ 6 - | 0 0 $\underline{\dot{4}\ \dot{4}}$ |

$\dot{3}$ $\dot{1}$ $\dot{2}$ | $\dot{1}$ - - | $\dot{1}$ - - ‖

我们来演奏一小段吧。

会了吗？完善这首曲子，你还可以创作更多的曲子呢。

177

12.4 各种乐器任意选

将乐器设为 (1) 钢琴 ▼

在演奏前，选择你想要的乐器，你会发现声音是不同的哟。

将乐器设为 (1) 钢琴 ▼

✓ (1) 钢琴
(2) 电钢琴
(3) 风琴
(4) 吉他
(5) 电吉他
(6) 贝斯
(7) 拨弦
(8) 大提琴
(9) 长号

将你选择的乐器插入小绿旗下，演奏音符前。

将可以选择的乐器都试试吧，感受一下它们的声音变化。

12.5 调节演奏速度

将演奏速度设定为 60

不仅可以选择不同的乐器，还可以设定演奏的速度呢。

试试吧，数字越大，演奏的速度越快。

灵活加快或者减慢演奏的速度。

这里就留给你去体验了，将它穿插在演奏音符之中，感受音乐的变化。

想要时刻知道演奏速度吗？勾选它。

这里的演奏速度最小是20，最大是500，你尝试调节一下，检验是否正确。

第**13**章　画笔模块

画笔

画笔模块一共有9个积木块。

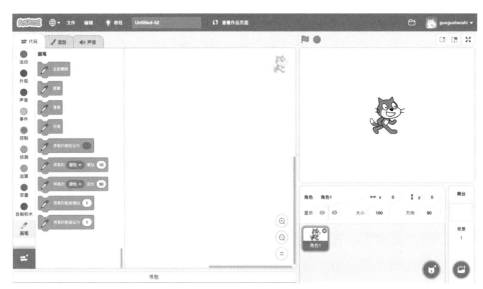

果果对比

Scratch 2.0的画笔模块有11个积木块，Scratch 3.0比它多，只是将**颜色**、**饱和度**、**亮度**、**透明度**融合成了一个积木块。

我要做神笔马良，快快教我画笔模块怎么使用吧！

我们这就开始操作画笔吧。同样按顺序开始学习。

Scratch 3.0的画笔模块也隐藏在扩展里。

13.1 擦除掉

画得不好，或者想重新画的时候，才会用到它。

它可以将屏幕上的颜料全部擦除。

等会我们再试试它的擦除功能。

13.2 来盖个章

这个积木块厉害了，试试吧。

案例——不断图章

出现了那么多小猫咪：

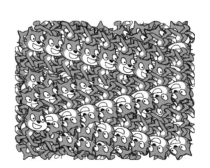

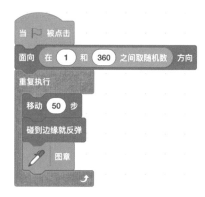

果果秘籍

看到这么多小猫咪，是不是想到了克隆体呢？
不过这里的小猫咪和克隆体可不相同哟。
这里的小猫咪就只是一个图画，没有程序，也不能移动。
克隆体的小猫咪可以移动，可以执行程序，是一个角色。

13.3 落笔画画，抬笔休息

画画的时候就需要落笔，将画笔落到舞台开始绘画。
抬笔就不再绘画了，因为笔都抬起来了还怎么画呀。

案例——画画试试

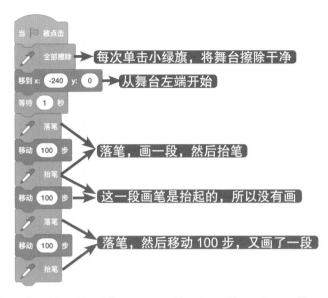

当 ▶ 被点击

全部擦除 → 每次单击小绿旗，将舞台擦除干净

移到 x: -240 y: 0 → 从舞台左端开始

等待 1 秒

落笔

移动 100 步 → 落笔，画一段，然后抬笔

抬笔

移动 100 步 → 这一段画笔是抬起的，所以没有画

落笔

移动 100 步 → 落笔，然后移动 100 步，又画了一段

抬笔

看看画出的效果是不是一样的，画一段，空一段，再画一段。

13.4 给画笔换个颜色

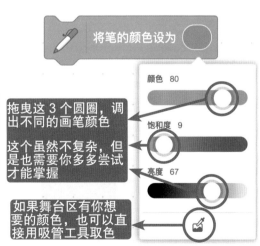

将笔的颜色设为 ○

将笔的颜色设为 ○

颜色 80

饱和度 9

亮度 67

通过它我们的画笔可以五颜六色，想选择什么颜色就选择什么颜色。

你是喜欢红色、绿色、蓝色还是黄色呢？

自己尝试调出画笔的颜色吧。

拖曳这 3 个圆圈，调出不同的画笔颜色

这个虽然不复杂，但是也需要你多多尝试才能掌握

如果舞台区有你想要的颜色，也可以直接用吸管工具取色

想要色彩艳丽一点，就将饱和度、亮度都调节到100。

我们来试试用不同的画笔颜色来绘制一个正方形。

案例——绘制一个颜色的正方形

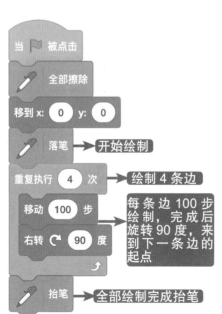

案例——绘制多颜色的正方形

将正方形拆分成4条边，每条边开始绘制的时候，都修改画笔的颜色。

这样就可以绘制出一个4条边颜色都不相同的正方形了。

画笔颜色要在绘制开始前设定好哟，就像我们画画一样。

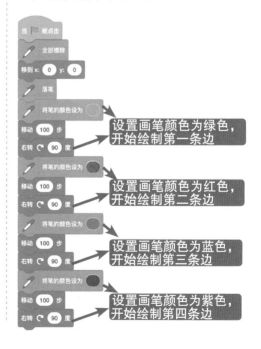

13.5 数值动态调整画笔状态

我们还可以通过增加积木块来递增或者递减颜色等属性。

也可以用设定积木块直接设定好。

单击倒三角会有4个选项：颜色、饱和度、亮度、透明度，你都试试吧。

这次，我们要用它们来绘制一个圆。

案例——颜色多变的圆

将绘制前的准备工作先完成。

1. 画笔从哪里开始绘制。

2. 调整饱和度、亮度、透明度、颜色等。

3. 落笔就要开始绘制了。

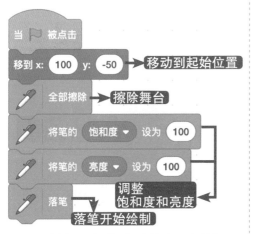

设计好画笔的移动轨迹，圆是360度，每移动2步，旋转1度，一共旋转

360次就完成一个圆。

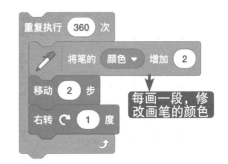

每画一段，修改画笔的颜色

完成绘画轨迹后，一定要记得抬笔哟。否则角色的移动会绘制出你不想要的效果。

将它们组合起来。

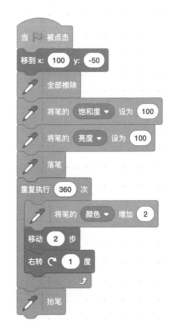

来看看我们绘制好的圆是什么样子的吧。

呀，有的时候还会绘制到舞台外面。

这个时候我们需要再次调节画笔角色的起始位置和面向方向，或者修改移动步数来缩小圆。

我们可以想想让画笔从圆的左端开始绘制，那么画笔角色的位置就应该放到最左端，画笔方向应该朝上或者朝下。开始绘制，修改角色位置和方向感觉一下吧。

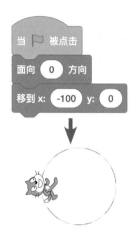

我觉得画笔太细了，我将选择粗一点的画笔。

13.6 调节画笔粗细

可以采用增加或者减小粗细积木块调节画笔的粗细。

也可以直接设定画笔的粗细。

我们用增加积木块来修改圆吧。

我们的圆就变成这样了。

哈哈，画笔模块是不是很有趣？

拥有了这个技能，还可以绘制很多有趣的效果呢，快去试一试吧。

还可以试试这个弹簧小圈圈哟。

案例——弹簧小圈圈

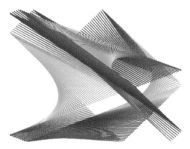

这里使用3个空白角色就完成了这样一幅图画。

首先，我们创建两个空白角色在舞台上随意地移动。

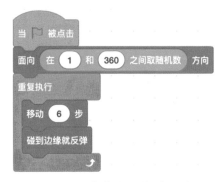

然后，创建角色3作为画笔，这个角色来回地在两个移动的角色之间绘画。

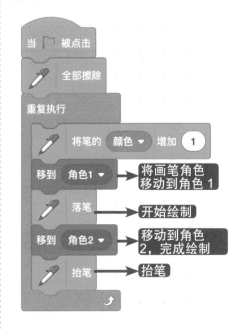

第**14**章　视频侦测模块

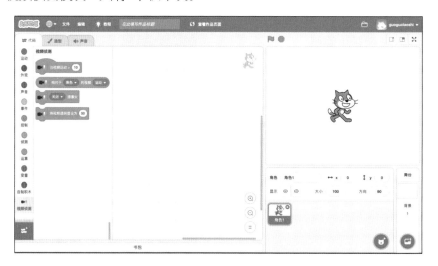

视频侦测

视频侦测模块一共有4个积木块。

你玩过体感游戏吗？就是使用身体就可以控制的游戏，想不到Scratch还可以制作这样的体感游戏吧。

想不想尝试一下呢？

真的吗？那一定超级酷的。

我们先一起来看看这4个积木块吧。

14.1 视频运动

这其实是一个事件积木块，拿视频运动的数字和一个我们设定的数值进行比较。

如果大于我们设定的数值，那么执行下面的程序。

14.2 视频运动的属性

它就是侦测视频运动和方向的积木块啦，通过它可以获取视频运动和方向的具体数值。

它可以侦测视频在舞台上和角色上的变化。

这些变化包括运动的频率和方向。

我们可以试试看，Scratch虽然不能很好地用断点的方式来观察它的变化，但是我们可以使用说积木块。

观察之前，我们必须先开启摄像头，如果你使用的是台式机，那么估计要配置一个摄像头。

14.3 开启摄像头

使用视频侦测的时候，一定要记得开启摄像头，否则是没有效果的哟。

使用完成后，也要牢记关闭摄像头。

对比看看镜像开启和没有开启中我的位置。

镜像未开启：

镜像开启：

视频中的图像是不是很对称呢？黄色小猫咪不是视频，所以位置没有发生变化。

好的，知道如何在Scratch中开启摄像头功能后，我们来看看数值的变化。

不断地说出数值的变化，记得切

换**角色** / 舞台，**方向** / 运动。

看我在小猫咪身上移动手指头。

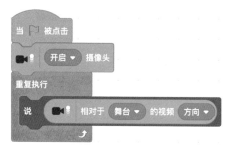

看我的方向变化。

14.4 设置视频的透明度

这个积木可以增加视频的透明度，比较看看。

视频透明度为50：

视频透明度为80：

数字越大，透明度越高，你再试试0和100吧。

啊，100都看不见了。

好的，到这里，4个积木块我们就学习完成了。

我们开始创作两个作品玩一玩吧。

案例——让小猫看我的动作

不停地在小猫身上挥舞着我的手，看看小猫会有什么变化。

设置当视频运动大于10时，小猫咪旋转。

设置当视频运动大于20时，小猫咪移动。

设置当视频运动大于50时，小猫咪播放"喵"的声音。

同时，用说时刻看着数值的变化。

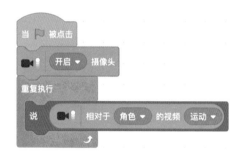

案例——拖住足球

游戏规则是不能让足球碰到舞台边缘。

通过在足球上面不断地移动保证足球向上移动不会落地，同时也不能过高。

看看我们的程序吧。

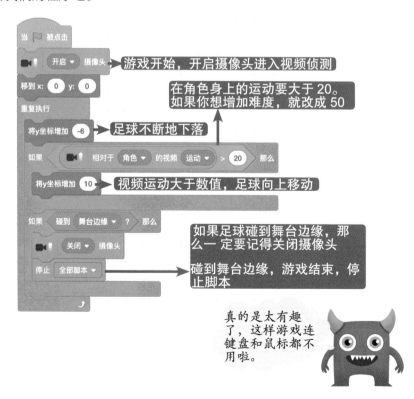

第**15**章 文字朗读模块

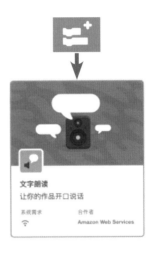

文字朗读

文字朗读模块，一个可以将文字转化成语音的模块。真的是太棒了，一段文字，我就可以直接让它朗读给我听了。

它一共有3个积木，分别是朗读什么内容、使用什么嗓音、朗读的语言是什么。

我们一个一个来看吧。

Scratch 2.0版本还没有这么炫酷的模块呢。

这个模块，我们要倒过来学习了。

因为是朗读，无论我们朗读什么内容，首先需要确定它的语言类型，是英语、中文或者其他语言。

15.1 你想要用什么语言

全世界的小朋友都在使用Scratch，它可以切换各种各样的语言。

如果我们使用中文，就将它切换成中文。

选择的语言一定要和后面的文字对应哟。

如果你选择的是Chinese，朗读的内容就要输入中文，输入英文就不合适啦。

15.2 感受不同的嗓音

确定了语言后，我们将选择朗读的嗓音。

它有这么多的嗓音，我们将它们一一试听一遍。

接下来开始朗读啦。

15.3 读一句"你好"

记得打开电脑的声音哟，如果是
台式机，记得插上音响或者耳机。

单击听听看看。

案例——念一首词

195

轻松玩转 Scratch 3.0 编程（第 2 版）

如何，是不是感觉很高级了？

下面我们感受一下不同的嗓音吧。

案例——变换嗓音

分别选择不同的嗓音插到朗读积木块之间，来感受一下它们的不同。

用心听哟。

案例——制作对话

我们可以使用不同的嗓音制作两个人的对话。

果果提醒

当我们需要使用朗读功能的时候：

（1）确定语言类型。

（2）选择你想要的嗓音。

（3）开始朗读吧。

第 16 章 翻译模块

翻译

之前我们学习了朗读模块，现在我们要学习翻译模块。有了这两个模块，我们就可以打破语音的界限了。

我们可以将中文转化成英文，然后朗读给外国小朋友，就实现语音翻译了。

快点，我们一起去试试看。

16.1 语言任由你翻译

它可以将文字的内容翻译成各国的语言，可以是法语、德语、英语等。看它有这么多的语言，可以选择一些，单击积木块，看看它们的"你好"在Scratch中都是怎么说的。

"你好"阿拉伯语：

"你好"德语：

"你好"法语：

接下来，我们结合朗读来实现语音翻译吧。

案例——语音翻译

我们将"我想去你家玩，可以吗？"翻译成法语、英语、德语，然后朗读出来。French 是法语，English 是英语，German 是德语。

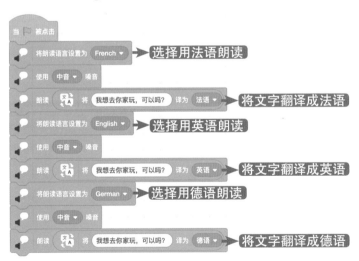

果果提醒

　　朗读的语言和翻译的语言要一致哟，否则会出现不认识的情况。

　　就好像你找了一个懂英语不懂法语的人来说法语一样，那么他一定是不会说的。

16.2 检查自己的母语

文A 访客语言

勾选它，你就可以在舞台上看到软件目前使用的语言了。

切换小地球中的语言，这里的语言也会发生变化，它们要对应哟。

第3部分 编程的内功心法

在第二部分，你已经掌握了各式各样的招式。面对绘画，你会使用画笔来应对；面对移动，你会使用运动模块来实现；面对幻化，你会运用外观来展示。但是这些都只是招数，万一哪天换成其他武学呢，比如Python、C++等，你就会发现这些招式竟然再无用武之地了。

所以我们不仅要学习招数，更应该掌握编程的内功心法。现在果果老师就传授你编程的内功心法三板斧——顺序执行、重复执行、条件判断，帮你打通任督二脉。

学习完这部分，你就是百年不遇的编程奇才了。

第17章 程序的逻辑

17.1 顺序执行

顺序执行在我们日常生活中到处可见。

我感觉我的一天就是顺序执行，你的呢？

时　间	做什么

6：30	起床，洗漱
7：00	去遛狗
7：30	吃早餐
8：00	出门上班去
9：00	开始一整天的工作
12：00	吃个午饭
13：00	午休半小时
18：30	吃晚餐
21：00	下班回家
22：00	洗漱
22：30	上床睡觉

按照时间顺序写下你一整天的安排吧。

一天的生活就是顺序执行。接下来，我想要用说积木块展示我的一天。

案例——我的一天

单击小绿旗看看，注意观察说话的顺序哟。

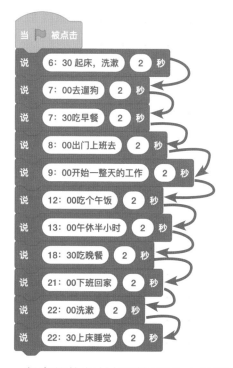

程序的执行是按照规则从上往下运行的。

先执行第一个**说**积木块，再执行

第二个**说**积木块，依次执行。

我们一起看一段代码，你可以先运行案例程序，看看小猫咪的变化。

案例——顺序执行

小猫咪的变化和程序的顺序是一模一样的。

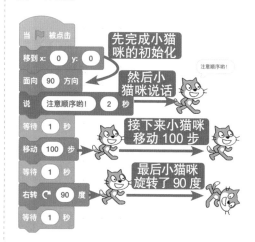

继续添加程序，看看角色的变化。

果果洞察

为什么会有等待一秒呢？

那是因为程序执行得太快啦，如果没有等待一秒，可能我们看到的就是最终的结果。

有了等待一秒，我们可以很清楚地看到角色对应每一行代码的变化。

17.2 重复执行

重复执行可以帮助我们简化代码，化繁为简。

看看我们每周的课表，这一周和下一周上课是不是相同的课表？这个时候我们只需要每周重复执行课表上的课程就可以啦。

如果一个学期有16周，我们要上的课程就需要将课表内容重复16次。

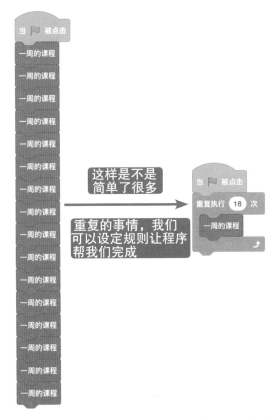

重复执行还有3种状态：有限次循环、无限次循环、条件循环。

1. 有限次循环

刚刚我们的上课就是有限次的，一个学期只上16周的课程。

重复执行16次：

还有我们吃饭，一天3餐，也是有次数的呢。

2. 无限次循环

好像时间一秒一秒地过去，永远都不会停下来。所以我们特别需要珍惜时间。

案例——小猫转圈

我们来看看小猫不停地转圈，设置重复执行，小猫就会不停地旋转。

3. 条件循环

这个可就与众不同了，它的重复既没有次数，也不一定会永远重复。

问你一个小问题，当你在上课的时候，知道什么时候下课吗？

当然是下课铃响的时候呀。

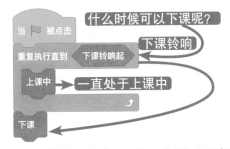

一开始，我们一直在上课（重复执行上课）。

下课铃响起，我们不上课了，下课了（不执行上课了，执行下课）。

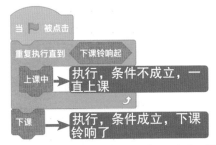

到底是上课还是下课，要看下课铃有没有响哟。

205

轻松玩转 Scratch 3.0 编程（第 2 版）

17.3 条件判断

条件判断其实很简单哟，就是使用如果……那么……

如果下雨了，那么要带雨伞。

上车后要记得系好安全带。如果没有系好安全带，那么要系上。

但是，妈妈可不是只会说如果……那么……很多时候我们会听到如果……那么……否则……

如果你完成了作业，那么可以去看动画片，否则必须写作业。

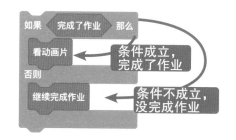

条件判断小总结

如果……那么……

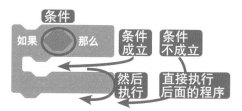

如果……那么……否则……

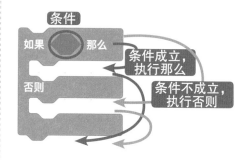

17.4 试试流程图

在编写程序之前，我们可以使用流程图来帮助我们理清思路，把程序编写得更加清晰，有逻辑。同时，流程图非常有利于其他小伙伴理解我们的程序的用

206

意。有了流程图，你还可以把你的程序思维告诉小伙伴，让他来帮你完成程序。

流程图也有它自己的规则，看看这张表格，然后开始绘制我们的流程图。

符号	名称	含义
	开始和结束	标准流程的开始与结束
	执行	表示一个执行步骤
◆	判断	判断条件是否成立，成立标注"是"或"Y"，不成立标注"否"或"N"
╱	数据	表示数据的输入或结果的输出
↓↱	流向	表示程序执行的方向和顺序

顺序执行

顺序执行就是步骤一个接一个向下执行。

流程图——我的一天

开始和结束都是圆角矩形的，中间的步骤都是矩形的。

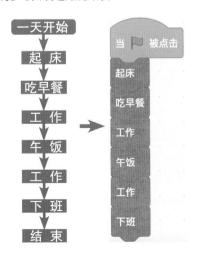

重复执行

不断地往复执行。

有限次数循环：

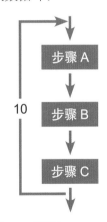

流程图——画圆

一个圆有360度，如果一次旋转1度，那么需要旋转360次。

用画笔绘制一个彩色的圆，添加画笔模块，选择铅笔角色。

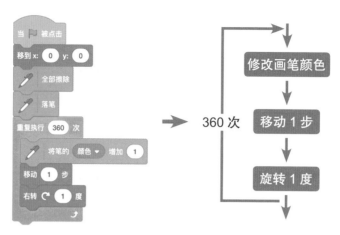

无限次数循环：

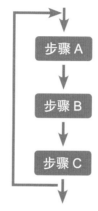

流程图——数秒数

时间一秒一秒地过去，永不停止。

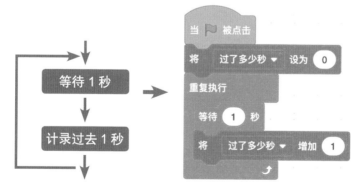

条件循环：

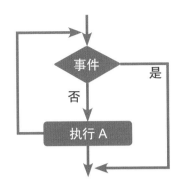

流程图——过马路

当我们想要穿越马路的时候，一定要等到绿灯亮了，才可以走哟。

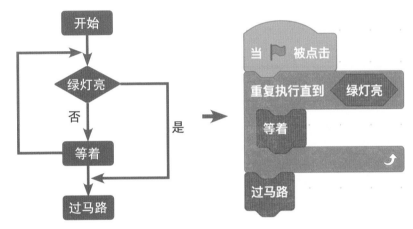

条件判断

如果……那么……

流程图——考试

一次考试结束，如果考试成绩是100分，爸爸会奖励一个玩具；如果成绩没有100分，就没有奖励了。但是无论这次考试如何，我们都要好好学习，准备下一次考试。

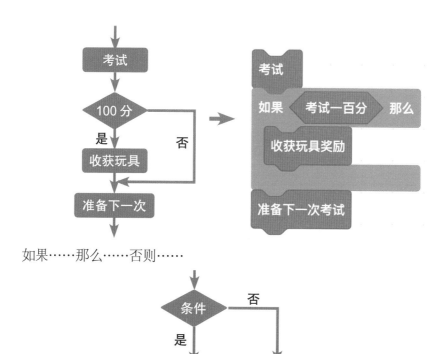

如果……那么……否则……

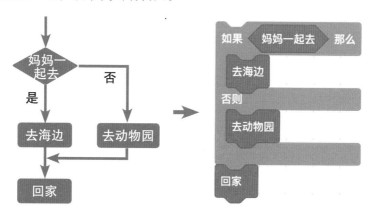

流程图——出去旅游

放暑假了，爸爸要和我一起出去游玩，如果妈妈有时间的话，一家人去海边；如果妈妈不去，就带我去动物园。

果果说话

三大内功心法就都传授给你了，希望你好好运用。

拿下项目阵地

第4部分

　　你可真是厉害，一路披荆斩棘来到这里。相信现在的你已经了解了Scratch的每一个积木块，并且使用过它们了。或许现在的你已经可以用Scratch做出很棒的作品了，但是不要骄傲哟。第4部分一开始挺简单的，但是它不会一直那么简单，你要在简单的项目中学会如何构思功能，如何规划角色和造型，掌握编程的逻辑思路，并且学会如何去改进一个作品，测试项目可能发生的Bug。完成这些后，学会总结归纳，将学会的知识和方法沉淀到自己的脑海中。

　　优秀的编程勇士，出发吧！

第18章 看我 72 变

孙悟空有两大绝学：一个是跟斗云，另一个是72变。孙悟空运用72般变化，可以变成动物或者物品迷惑妖魔，比如变成小虫子钻进妖怪的肚子里降服它们。孙悟空的72变本领非常厉害，你想不想学习孙悟空的72变呢？

我们在编程的世界完成72变的梦想吧！

18.1 想一想：72 般变化

想要完成72变的小程序，需要我们一起来想一想。

我们要让谁来变幻呢？我们需要寻找一个主角。

可以在素材中寻找，也可以到网上寻找图片，上传到Scratch项目中。

在这里，我选择了一只小猴子，添加这个角色。

72变，可以变成螃蟹、甲虫、蝙蝠、恐龙、苹果、西瓜等。并且可以通过按键随心所欲地变幻，当按下数字键1时，小猴子变成螃蟹；当按下数字键2时，小猴子变成甲虫；当按下数字键3时，小猴子变成蝙蝠；当按下数字键4时，小猴子变成恐龙；当按下数字键5时，小猴子变成苹果；当按下数字键6时，小猴子变成西瓜。

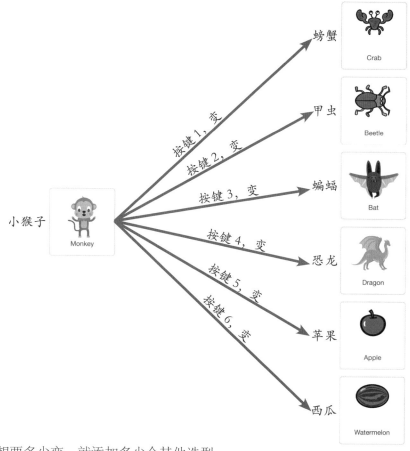

想要多少变，就添加多少个其他造型。

但是无论怎么变，都要记得变回原样哟，我们设置按下空格键变回小猴子。

18.2 设计角色：规划造型

你想变幻出什么东西呢？如果你拥有72变的本领，你最想变什么呢？

将你想要变幻的东西记录在纸上，然后将它们添加到项目里。这样你想要变幻的东西就是这个程序的角色了。

不过这里的角色还有点不一样，想想看无论孙悟空是变成甲虫还是苹果，它还是孙悟空，所以在Scratch中这样的变化更像是造型的切换。

18.3 动手动脑：编写 72 变

01 删除小猫咪角色，添加小猴子角色到舞台中。

果果秘籍

开始一个新的项目，我们首先要完成简单的背景选择，删除不要的角色，添加项目需要的角色。

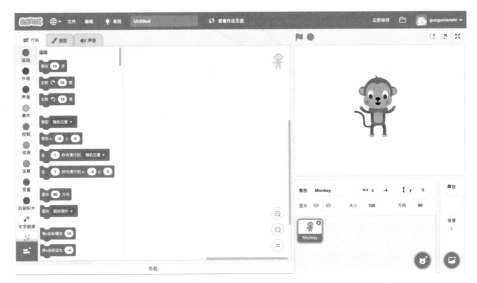

02 添加了小猴子，观察小猴子都有哪些造型。因为我们这次要表演的是72变，所以小猴子后面的两个造型我们使用不到，将它删除。

果果秘籍

完成角色添加后，查看角色的造型列表。

查看造型列表不仅可以帮助我们删除不需要的造型，还可以帮助我们设计角色的动作呢。因为角色的很多动作都是依靠造型切换来完成的。

03 删除了小猴子多余的造型后，将我们想要变幻的造型添加进来。之前我们更多的是添加角色，这次来尝试一下添加造型。

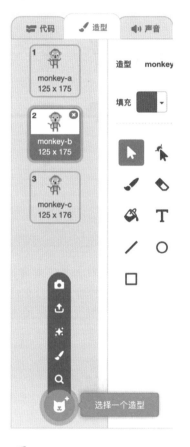

果果提醒

注意区别哟，这里添加的是造型，可不是角色呢。

04 在Scratch的造型库中找到你想要变幻的动物或者物品，全部添加到小猴子的造型列表中。

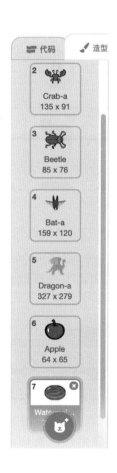

215

果果洞察

你会发现造型库中展示了角色的所有造型。
对比造型库和角色库的区别：

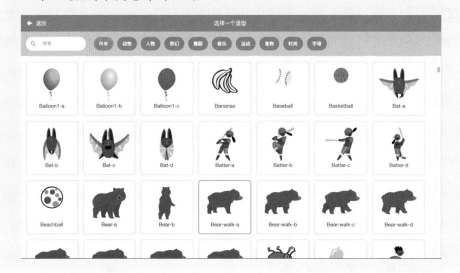

05 开始编写72变的切换程序啦。

通过按键控制造型变化，在事件模块中找到**当按下空格键**积木块，拖曳到脚本区。

06 之前我们都是通过**下一个造型**进行造型的切换，这样的切换方式做不到指定的造型切换。在72变的技能里，当然是想要变成苹果就变成苹果，而不是先变成甲虫或者其他，所以必须要指定切换造型。

在外观模块中找到**换成……造型**积木块。

07 回到角色造型列表库，看看造型都是什么名称，然后开始72变计划。

08 从螃蟹开始变化，它的造型名称是Crab-a。

完成脚本，将按键切换到数字键1，选中造型Crab-a。

Dragon

09 按照同样的方法完成其他变化。

变换恐龙，它的造型名称是Dragon-a。

将按键切换到数字键4，将造型切换到Dragon-a。

Beetle

变换甲虫，它的造型名称是Beetle。

将按键切换到数字键2，将造型切换到Beetle。

Apple

变换苹果，它的造型名称是Apple。

将按键切换到数字键5，将造型切换到Apple。

Bat

变换蝙蝠，它的造型名称是Bat-a。

将按键切换到数字键3，将造型切换到Bat-a。

Watermelon

变换西瓜，它的造型名称是Watermelon-a。

将按键切换到数字键6，将造型切换到Watermelon-a。

10 完成小猴子现原形的脚本啦。

按下空格键后，小猴子变回自己。

18.4 游戏性调整

整体上，看我72变的程序就完成了。但是我们可以进一步调整和完善它，使得游戏变得更有趣。

孙悟空72变的时候，经常会发出"砰"的一声。在这里，我们也给它添加音效，同时在72变的时候说上一句自己将会变成什么样子。

现在我们来到声音库，选择效果类别，试听一下，寻找出合适的声音。

可以每一种变化都发出不同的声音。

哈哈，我通过输入法还说出了一只螃蟹。

继续完成其他的变幻吧。

18.5 进行测试

回想一下我们制作的小程序功能：按下不同的按键，小猴子会进行不同的角色变幻。按下空格键将恢复小猴子的模样。

现在我们需要测试程序是否正确。

按下不同的按键，看看是不是对应出现了我们想要的角色样子。

看按下空格键是不是可以恢复到小猴子，如果不能恢复到小猴子，就要检查是哪个按键程序出了问题，并进行调整。

按下空格键，竟然没有恢复到小猴子，而是变成了苹果。

检查代码

将造型切换成monkey-a：

18.6 积木块回顾

按下对应按键，运行积木块下方的程序。

播放声音，同时执行下面的程序。
记得区分播放声音和等待播完。

3

将角色造型切换成指定的造型。

4

将文字展示在舞台上，表示角色说的话。

第**19**章 大屏幕摇奖

你有没有参加过摇奖呢？在大屏幕上，奖品一个接一个地闪烁着，当主持人说"停"时，屏幕上的奖品缓慢地停下来，最后留在大屏幕的奖品就是你获得的奖品。

我们也要制作一个摇奖器，这是一个非常棒的摇奖器，因为它不需要我们手动停止，只需要喊一声"停"，它就会缓慢地停下来，你说神奇不神奇？编程的世界无奇不有，一起来试试吧。

19.1 想一想：这要怎么实现

这是一个摇奖小游戏，首先我们需要准备一个舞台或者一个大屏幕。

然后需要预备很多用来抽奖的礼物，可以任意挑选你喜欢的。

接下来，我们要构思如何实现抽奖。

舞台上的礼物不停地切换，这个功能使用角色变化造型就可以完成。喊一声，摇奖就停止了，可以使用侦测声音响度来完成。

哈哈，我们真是太聪明了，赶快来完成吧。

19.2 设计角色：添加奖品

在这里，我们设计一个角色，因为要完成礼品的切换，在一个角色上通过造型的切换来完成是最合适的。

快去角色库中挑选礼品吧。

你也可以参考我挑选的礼品，我挑选的礼品有乐器、玩具、画板、机器人等。

19.3 动手动脑：开始摇奖

01 重新创建一个礼品角色，然后将选择的礼品添加到造型列表中。

02 让礼品滚动起来，礼品一个一个地切换。

03 调节造型切换的速度，让礼品可以看得清楚一些。

04 我们喊一声"停"，程序就需要识别声音响度，停止切换。

设置一个合适的响度数值，比如30。

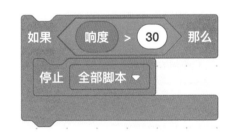

05 将响度的侦测判断嵌入程序中，然后单击小绿旗，喊一声"停"试一试吧。

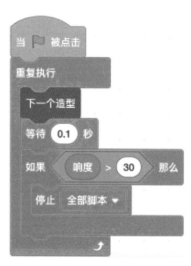

是不是很厉害？你只用了5步，就完成了一个摇奖的程序设计。

19.4 游戏性调整

完成了功能不代表程序就做好了，我们可以进一步思考，怎么可以让游戏更生动，更便捷。

比如，给摇奖的过程增加音乐，这个补充就留给你了。

在这里，我们一起来完成摇奖缓慢停下来的过程。

增加一段程序块，这样摇奖不是立刻就停止，而是在切换了一些礼物后停止。

这个缓慢停止的过程会让台下的小伙伴更加激动不已。

使用如果……那么……可以做到判断，不过在这里修改一下代码，使用重复执行直到……

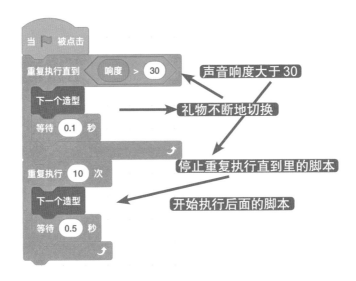

19.5 进行测试

程序完成后，一定要记得测试哟，如果你发现无论发出多大的声音，摇奖都不停止，这个时候，就需要勾选**响度**积木块，看看在你发出声音的时候，数值有没有发生变化。

如果数值没有发生变化，就需要检测电脑设备，说明没有声音传入电脑。
如果数值发生了变化，就要检测比较的数值是多少。

如果你设置的比较响度是10000，那就太大了。响度最大才100，所以不可能超过这个数值。

19.6 积木块回顾

1

大小比较积木块，可以对两个数字比较大小。

2

无限循环，执行大嘴巴里面的内容。

3

如果……那么……条件判断。

如果条件成立，那么执行大嘴巴里的程序。

如果条件不成立，那么执行程序块后面的代码。

4

一直重复大嘴巴里面的程序，如果菱形框里的条件成立，那么停止执行。

第**20**章 收集小星星

满天的星星，想要收集它们吗？本章我们设计一个小游戏，来收集星星。
一个一个的星星从天而降，我们用鼠标将它们收藏起来。

20.1 想一想：满天的星星

满天各种颜色的星星，单击星星就
可以将它收藏起来。星星下落的速度
越来越快，数量也会越来越多，考验
你的眼力和手速的时候到了。

当掉落到地上的星星超过10个的时
候，你就输啦。

看看你能坚持多久。

20.2 设计角色：就一个星星

在这里就只有一个角色哟，它就
是星星。

你也可以将它换成雪花或者
其他东西。

星星

雪花

20.3 动手动脑：一个不简单的角色

01 添加星星角色和星空背景，完成准备工作。

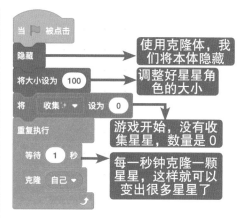

使用克隆体，我们将本体隐藏

调整好星星角色的大小

游戏开始，没有收集星星，数量是 0

每一秒钟克隆一颗星星，这样就可以变出很多星星了

02 创建变量**收集星星**用来记录收集星星的数量，创建变量**时间**用来记录你坚持的时间。

收集星星（你发现我的星星不一样了吧，那是输入法的效果，你也可以试试）：

收集

时间变量（怎么增加时间，就交给你自己完成了哟）：

时间

03 完成变量设置的准备工作后，我们要做的就是变出很多星星。

思考一下，怎么样才可以变出很多星星呢?

克隆可以帮助我们。

04 克隆出来的星星从舞台顶端落下。

不断减小角色 y 坐标。

05 你会发现，星星都是从一个地方落下的。这也太没挑战了，我们改变一下星星出现的范围。

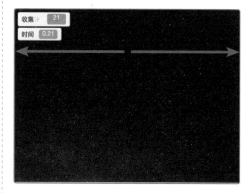

星星在舞台的横向任意位置出现，需要我们设置星星出现的 x 坐标和星星下落前的 y 坐标。

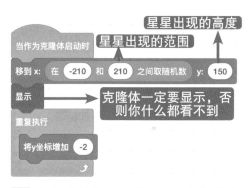

星星出现的高度

星星出现的范围

当作为克隆体启动时

移到x: 在 -210 和 210 之间取随机数 y: 150

显示 → 克隆体一定要显示，否则你什么都看不到

重复执行

将y坐标增加 -2

06 我们开始收集星星吧，用鼠标单击星星，击中星星就可以收集一颗。

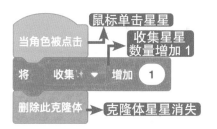

鼠标单击星星

当角色被点击 → 收集星星数量增加1

将 收集 增加 1

删除此克隆体 → 克隆体星星消失

07 收集星星有得分，但是如果没有收集到星星，星星落地了会怎么样呢？

你看过西游记吗？还记得人参果落地了会怎么样吗？星星和人参果一样，落地就会消失，而且还会扣去1分。

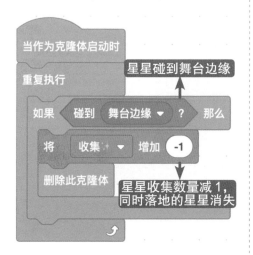

当作为克隆体启动时

星星碰到舞台边缘

重复执行

如果 碰到 舞台边缘 ? 那么

将 收集 增加 -1

删除此克隆体 → 星星收集数量减1，同时落地的星星消失

08 当你收集星星的数量小于10 的时候，游戏就会结束，你就输了。游戏结束，发出**结束**广播。

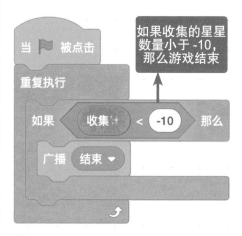

如果收集的星星数量小于-10，那么游戏结束

当 ▶ 被点击

重复执行

如果 收集 < -10 那么

广播 结束 ▾

09 收到**结束**广播，所有脚本都将停止。

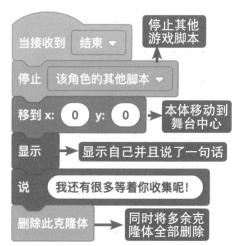

停止其他游戏脚本

当接收到 结束 ▾

停止 该角色的其他脚本 ▾

移到x: 0 y: 0 → 本体移动到舞台中心

显示 → 显示自己并且说了一句话

说 我还有很多等着你收集呢！

删除此克隆体 → 同时将多余克隆体全部删除

如果这里没有删除克隆体，那么会有很多星星说话哟，这样舞台就乱了。

10 试玩一把，看看你最多可以收集多少星星。

20.4 游戏性调整

我尝试玩了一把，觉得这只是一个很简单的游戏雏形。

它没有竞技性，也没有游戏的炫酷，于是我打算改装一下它。

你想加入吗？

01 增加时间效果，时间越久，克隆的星星数量越多，下落的速度越快。

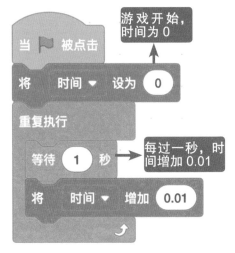

这个时间不是秒数，而是一个数值，改变着游戏的属性。

02 回到20.3节的第3步代码中，修改克隆速度。随着时间的增加，克隆速度要加快。

克隆速度要加快，我们就需要缩短克隆的时间间隔。

之前是每过1秒克隆一颗星星，我们要缩短时间，就需要1秒减去一个数字，这样就更小了。

于是我打算用 1 - 时间 ：

03 星星的克隆速度加快了，但是下落的速度还没有变化，现在我们需要修改星星下落的速度。

回到20.3节的第5步代码。
y坐标不断减去一个数字。

04 增加星星的效果，首先我能想到的就是让星星旋转起来。

05 除了旋转外，还可以给星星增加
颜色特效，这样整个画面就会色
彩斑斓。

星星克隆体的颜色随机变化。

修改20.3节的第5步代码。

06 哈哈，现在的效果已经很不错
了，但是我觉得还不够。

我想要每次单击小星星都会有各
式各样的效果出现。

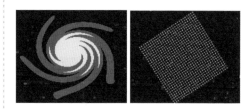

哇，这样多么炫酷啊。

创建变量**随机状态**，给克隆体星
星赋予一种状态。

添加到20.3节的第5步代码中。

231

07 然后用特效效果对应每一种<u>随机状态</u>被单击后的效果。

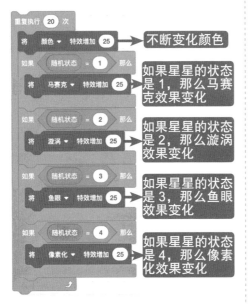

将它添加到20.3节的第6步代码中。

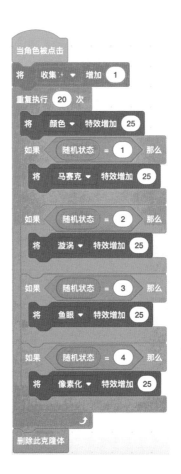

试一试吧，一个超级炫酷的游戏就完成了。

20.5 进行测试

注意观察**收集星星**和**时间**变量的变化，查看代码中的加减号是否使用错误。

观察星星的效果是否对应，检查效果代码有没有出错。

20.6 积木块回顾

01 克隆自己，不断地复制出多个和自己一样的角色。

02 针对克隆体执行代码块。

03 删除克隆体。

04 各种特效效果变化。

05 发出广播，完成通信。

06 接收广告，执行广播对应的程序。

第**21**章 双人贪吃蛇大作战

小时候，果果老师的游戏机里基本上只有贪吃蛇和俄罗斯方块两款游戏。那时候感觉很好玩，现在不一样了，有很多游戏。

21.1 想一想：怎么大作战

我们将带大家一起回到我小时候，不过这次的贪吃蛇游戏要比小时候更有趣，是一个双人大作战游戏。

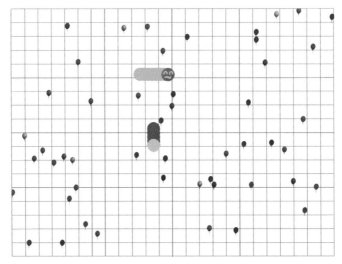

需要自己绘制蛇头和蛇尾，贪吃蛇收集小气球就可以变长。但是千万不能触碰另一条蛇的尾巴，因为一旦触碰到另一条蛇的尾巴，你就要重新开始。

来吧，试一试。

21.2 设计角色：绘制我的贪吃蛇

这里不仅有两条贪吃蛇，还有气球。

气球简单，系统库就有，只需要调整一下角色大小就可以了。

然后绘制两条贪吃蛇，选择你喜欢的颜色，同时可以在蛇头绘制自己喜欢的图案。

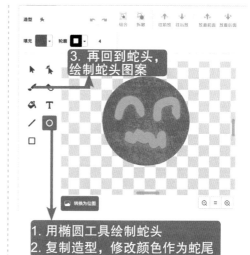

3. 再回到蛇头，绘制蛇头图案

1. 用椭圆工具绘制蛇头
2. 复制造型，修改颜色作为蛇尾

使用同样的方法绘制第二条蛇，主要要区分颜色和图案，否则就会是一条蛇了。

果果提醒

要保证蛇头和蛇尾一样大小，最好使用复制。因为重新绘制可能大小就不一样了。

21.3 动手动脑：大作战

01 添加一个方格背景，当然也可以选择你觉得合适的背景，不过最好不要有太多的颜色。

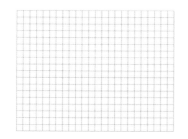

02 贪吃蛇是靠着吞食气球变长的，所以我们需要在舞台上克隆出很多气球，就像这样。

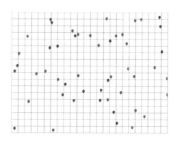

03 气球需要控制一定的数量，如果一直克隆，会造成舞台上全是气球。经过我的尝试，觉得50个气球比较合适，你试试看，你觉得多少个气球合适呢？

创建**气球数量**用来记录气球的数量。

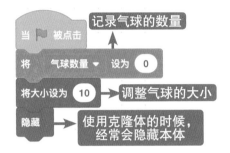

04 我们怎么保存气球在一个相对稳定的数量呢？

如果是按照等待时间重复执行克隆的，那么气球一定会越来越多，但是控制克隆的次数就不一样了。

一共需要50个气球，如果现在被贪吃蛇吃了10个，请问还有几个气球呢？

答案是50-10=40。

那么我们需要克隆几个气球才能达到50个呢？

答案是50-40=10，也就是50减去现在的气球数量，就是我们要克隆的气球数量了。

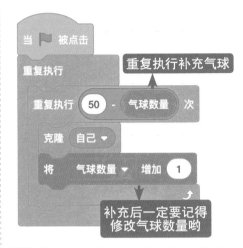

完成重复克隆气球的代码。

05 将克隆出来的气球洒落到舞台的各个角落。

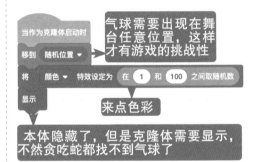

06 气球已经完成，开始编写贪吃蛇游戏，首先需要完成初始化。

07 创建**红方时间**和**蓝方时间**，贪吃蛇的长度在这里，通过缩减克隆体的长度来完成。

贪吃蛇需要不断地移动，我们通过不断地克隆自己和删除克隆体来完成。

如果贪吃蛇一秒钟克隆11节身体，但是一秒钟只删除1节身体，那么贪吃蛇的长度就是10（这里一秒钟删除一个克隆体）。

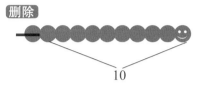

如果贪吃蛇一秒钟克隆11节身体，但是一秒钟删除5节身体，那么贪吃蛇的长度就是6（这里0.2秒删除一个克隆体）。

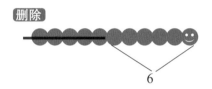

删除克隆体的时间越长，贪吃蛇的长度也就越长。

一开始**时间**都是0，击败对手的次数也都是0。

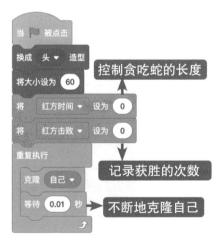

08 调节尾巴的数量，控制贪吃蛇的长度。

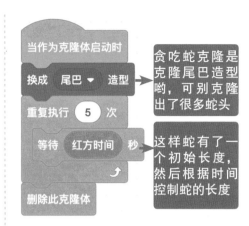

09 完成贪吃蛇克隆后，我们需要控制贪吃蛇移动。

相信这段代码是难不倒你的。

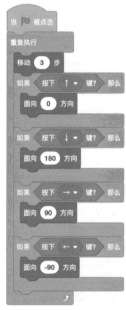

10 如何击败对方呢？想尽一切办法，让对方的蛇头触碰到你的蛇尾。这就要看你的操作速度了。

如果你的蛇头碰到对方的蛇尾，那么对方将获得一分。同时你的贪吃蛇也会变回初始的长度，并且出现在随机的位置。

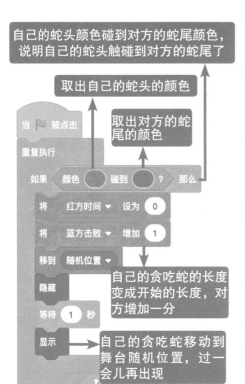

自己的蛇头颜色碰到对方的蛇尾颜色，说明自己的蛇头触碰到对方的蛇尾了

取出自己的蛇头的颜色

取出对方的蛇尾的颜色

自己的贪吃蛇的长度变成开始的长度，对方增加一分

自己的贪吃蛇移动到舞台随机位置，过一会儿再出现

11 完成红方角色代码后，继续完成蓝方代码。

蓝方游戏初始化：

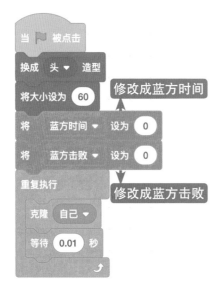

修改成蓝方时间

修改成蓝方击败

蓝方贪吃蛇长度：

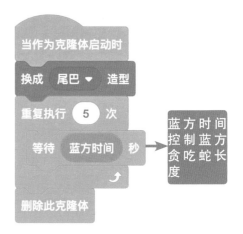

蓝方时间控制蓝方贪吃蛇长度

红方上、下、左、右键控制移动，蓝方w、s、a、d键控制移动。

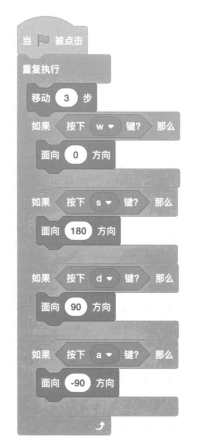

设计得分：

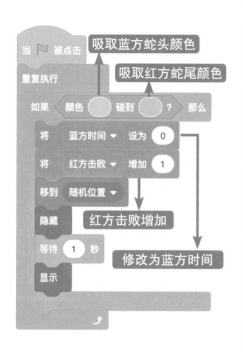

12 不要忘记了，贪吃蛇是吃气球的，气球碰到贪吃蛇将会消失，同时贪吃蛇 时间 变量将会增加，这样贪吃蛇长度变长。

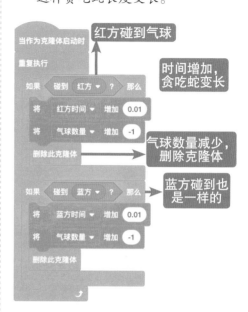

21.4 游戏性调整

这款游戏涉及很多时间数字，需要我们不断地尝试才能找出适合自己游戏的数字。数字太大可能使得游戏太难或者太容易。

同时留一个思考题，作为游戏性调整：在两条蛇相碰的时候，是不是可以增加一些效果？

21.5 进行测试

在这款游戏中，我们需要测试的环节主要有3个。

1 贪吃蛇的控制，贪吃蛇会不会按照我们的按键方向移动？

2 贪吃蛇吃过气球后，长度会不会发生变化？

3 两条蛇相互碰撞的时候，会达到我们想要的效果吗？

测试一下，如果整个游戏的效果和你想象的一样，那么恭喜你，你完成了这次挑战！

轻松玩转 Scratch 3.0 编程（第 2 版）

21.6 积木块回顾

1 判断按键是否按下，根据不同的按键执行不同的程序。

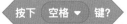

组合使用：

2 有时仅靠角色碰到判断还不足以支持游戏的碰撞判断，这个时候我们可以使用两种颜色的碰到判断。

第22章 星球大战

驾驶着战斗机翱翔天际，抵御敌机，保卫星球。在一片漆黑的外太空，你独自驾驶着炫酷的战斗机，迎战不断进攻的各种敌机，你需要将它们阻挡并且消灭在太空中，保证星球的安宁。

22.1 想一想：你会怎么设计

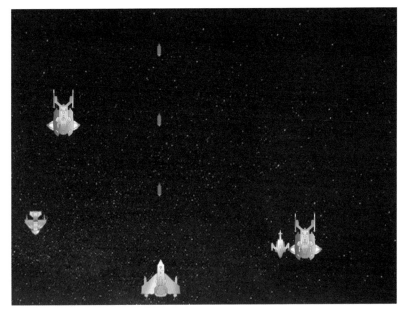

飞机大战、星球大战这类游戏都是这样的。在舞台的上空不断有各种敌机降落，作为战士的你，需要操控你的战斗机发射子弹将它们击毁。

千万不能被敌机撞击，否则你的战斗机会爆炸。

22.2 设计角色：角色有点多

首先我们需要一架战斗机。

还要我们的敌人，3架不同的敌机。

小型敌机：

中型敌机：

大型敌机：

别忘了哟！在这个游戏中，很容易忽略掉的就是子弹。

完成角色添加后，要记得给每个角色取一个名字。

22.3 动手动脑：开始战斗吧

01 在角色列表区，选中**战斗机**。

02 想想**战斗机**是什么样子的，我们需要它做什么，然后完成它的初始化。

（1）想了想，飞机会左右碰撞边缘，为了保证它不会坠机，需要设置它的翻转模式是左右翻转。

（2）创建一个分数变量，后面使用。

（3）如果角色在游戏中会发生造型变化，在游戏一开始一定记得要设置好它的初始造型。

（4）如果角色在游戏中会出现隐藏效果，一定要在游戏开始将角色显示出来。

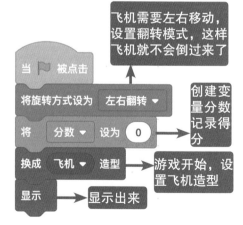

03 控制敌机在舞台底部来回移动，由鼠标控制。这样我们就完成了

战斗机的控制。

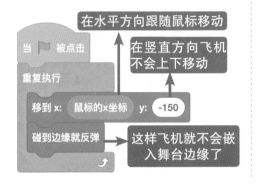

在水平方向跟随鼠标移动

在竖直方向飞机不会上下移动

这样飞机就不会嵌入舞台边缘了

如果你想要战斗机可以在舞台上的任意位置移动，只需要将代码改成这样就可以啦。

04 在什么情况下，战斗机会炸毁呢？

就是在它撞击了敌机的时候。

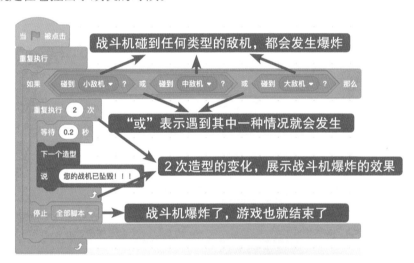

战斗机碰到任何类型的敌机，都会发生爆炸

"或"表示遇到其中一种情况就会发生

2次造型的变化，展示战斗机爆炸的效果

战斗机爆炸了，游戏也就结束了

05 战斗机的脚本就完成了。但是不能发射子弹的战斗机太没有威力了，现在我们需要让它发射子弹。

来到子弹角色，开始设计。

06 发射出去的子弹将朝向舞台顶端飞去。

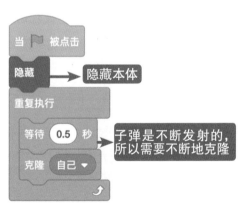

隐藏本体

子弹是不断发射的，所以需要不断地克隆

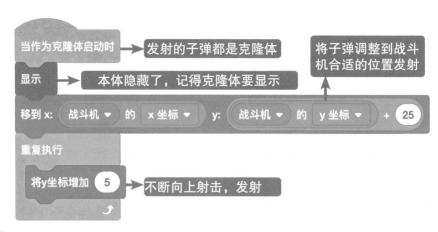

07 子弹发射后，会朝着舞台顶端一直飞射，但是在什么时候会停下来呢？

碰到舞台边缘？

击中敌机？

回答正确。

我们先来完成碰撞边缘吧，这个太简单了。

08 接着，我们需要完成击中敌机的判断了。

感觉和战斗机被撞击的判断很像哟，只要击中任何一架敌机，就会消失。

有了它：

通过一番调整，子弹就到了战斗机的发炮口上。

战斗机 ▼ 的 x 坐标 ▼

我们可以很好地将一个角色移动到另一个角色上。

然后通过加减运算调整两个角色的位置。

战斗机 ▼ 的 y 坐标 ▼ + 25

09 战斗机和子弹都完成了。接下来我们进行敌机的脚本编写。

来到小敌机角色，完成初始化和克隆。

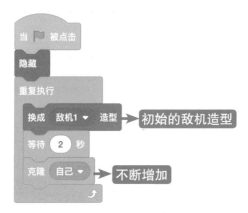

10 每一架敌机都会在舞台顶端出现，然后俯冲下来。

特别注意，这里创建的**小敌机血量**必须仅适用于当前角色，因为每一架克隆出来的敌机都有自己的血量。

245

轻松玩转 Scratch 3.0 编程（第 2 版）

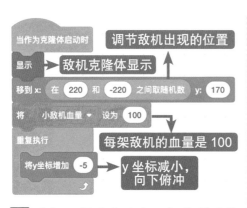

调节敌机出现的位置

敌机克隆体显示

每架敌机的血量是 100

y 坐标减小，向下俯冲

11 敌机不断地飞过来，但是到了舞台的底部就消失了。

我们设置为碰到边缘就删除克隆体，但是一定要注意，不能让敌机在初始位置就碰到边缘，也不能碰到两边，否则就会被删除。

果果提醒

如果你的敌机会触碰两边的边缘，那么你需要通过敌机的Y坐标判断是否删除。

12 在游戏中，我们不能总是躲避敌机，也需要主动出击去击毁它。

对于小敌机，我们只需要一颗子弹，就可以将它击毁。

一颗子弹击中敌机，小敌机的血量就为0了。

13 但是遇到问题了，虽然敌机的血量是0，但是它并没有炸毁呀。

看来我们还需要编写敌机炸毁的效果。

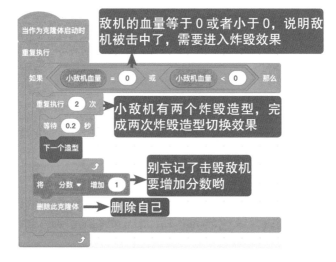

敌机的血量等于 0 或者小于 0，说明敌机被击中了，需要进入炸毁效果

小敌机有两个炸毁造型，完成两次炸毁造型切换效果

别忘记了击毁敌机要增加分数哟

删除自己

小敌机的脚本就完成了。接下来进入中敌机。

14 我们发现其实它们的脚本是一样的，只不过有些属性不同。

中敌机飞行得更慢，子弹击中减血更少，被击毁后得分更多。

克隆中敌机：

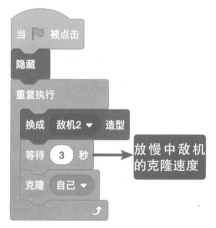

迎面而来的中敌机：

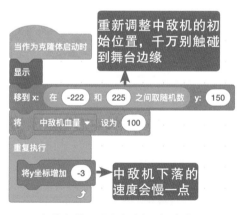

碰到边缘，删除敌机克隆体：

击中敌机，减少血量：

击毁敌机：

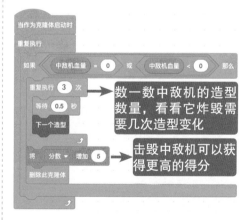

15 最后给你预留一个小作业，完成大敌机的脚本。参照小敌机和中敌机的修改方式。

动手动脑就看你的哟！

247

22.4 游戏性调整

我看别人的星球大战都有导弹可以收集，也想给我的游戏添加一个导弹。

01 添加导弹角色：

02 设置导弹下落。

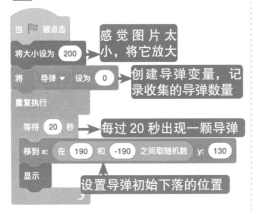

03 收集导弹。

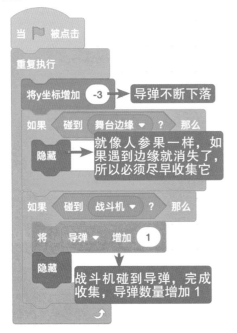

04 按下空格，发射导弹。

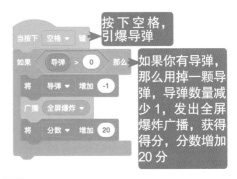

05 发射导弹以后，屏幕上的敌机全部炸毁。回到每个敌机角色，完成敌机炸毁的效果代码。

接收到**全屏爆炸**广播后，小敌机有两个爆炸造型，造型切换两次。

中敌机有3个爆炸造型，造型切换3次，完成整个爆炸效果。

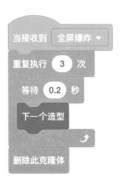

大敌机有4个爆炸造型，造型切换4次，完成整个爆炸效果。

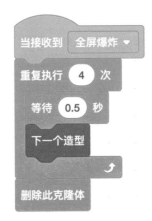

快去感受一下这个游戏吧，驾驶你的战斗机去星际争霸。

22.5 进行测试

这个游戏有很多代码，所以在编写的过程中可能也会有很多Bug。

但是只要你多次尝试体验游戏，注意击毁敌机的效果，观察每一架飞机的状态，感觉收集导弹和发射后的变化，就可以发现程序的不足，然后思考并且改进它。

22.6 积木块回顾

1 鼠标的坐标，通过这个积木块，我们可以跟随鼠标移动：

鼠标的x坐标

2 逻辑运算符——或：

或

两个条件只需要成立一个就可以了。

3 角色的属性，有了它，我们就可以知道每一个角色的属性：

发现了吗？我们几乎没有怎么使用新的积木块，但是却做出了那么厉害的作品。

编程就是这样，需要多思考，将之前学习过的积木块组合起来就是一个优秀的作品。

读书笔记
Reading notes

第**5**部分 决战华山之巅

　　欢迎来到华山之巅，在这里你要经历更深入的分析和思考。这里是挑战部分，没有了一步一步地带你操作，也没有了一行一行地推理分析。有的只是大胆的尝试和复杂的逻辑。如果你是4年级以上的小朋友，不妨挑战一下，就算不能掌握也没关系，至少尝试过了，这就是一种收获。

第23章 记忆笔画

23.1 感受程序的魅力

看我用画笔编写这样一个程序：书写一个单词 "Scratch"。

Scratch

看上去是不是很简单？不过可别小瞧它哟。

现在我按下键盘上的左移键，每按一次，就消失一个笔画。

看看不断按下左移键有什么样的变化。

Scratch ➡ Scratc ➡

Scrat ➡ Scra- ➡

Scra ➡ Scr ➡

Sc ➡ S

按下右移键，这些笔画又回来了。

S ➡ Sc ➡

Scr ➡ Scra ➡

Scra- ➡ Scrat ➡

Scratc ➡ Scratch

它就是一个记忆笔画，可以记录你每一笔的轨迹，可以删除，也可以复原。

23.2 看看它背后的代码

01 数据初始化。

n设定为0，用来记录步数。
创建轨迹列表，用于记录画笔的移动轨迹。

02 按下空格键，控制鼠标移动完成绘制，并且将绘制轨迹记录在**轨迹**列表中。

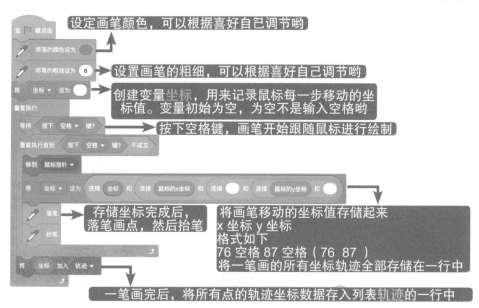

这样画笔行走的轨迹就全部存入列表中。

03 每次绘制都根据列表中的坐标点轨迹进行绘制，就可以复原之前的笔画了。

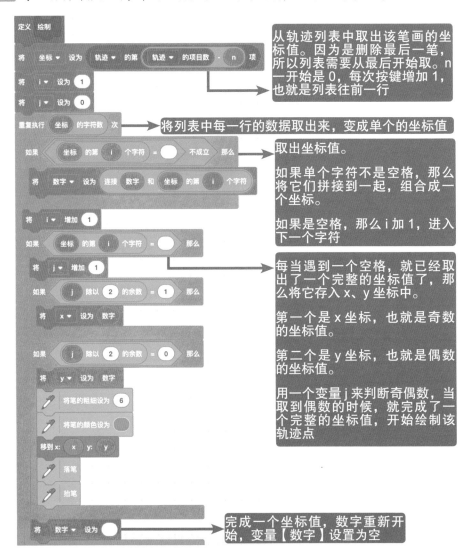

从轨迹列表中取出该笔画的坐标值。因为是删除最后一笔，所以列表需要从最后开始取。n 一开始是 0，每次按键增加 1，也就是列表往前一行

将列表中每一行的数据取出来，变成单个的坐标值

取出坐标值。

如果单个字符不是空格，那么将它们拼接到一起，组合成一个坐标。

如果是空格，那么 i 加 1，进入下一个字符

每当遇到一个空格，就已经取出了一个完整的坐标值了，那么将它存入 x、y 坐标中。

第一个是 x 坐标，也就是奇数的坐标值。

第二个是 y 坐标，也就是偶数的坐标值。

用一个变量 j 来判断奇偶数，当取到偶数的时候，就完成了一个完整的坐标值，开始绘制该轨迹点

完成一个坐标值，数字重新开始，变量【数字】设置为空

04 按下左移键删除笔画，当n变大，重新绘制的时候，最后几笔就会不再绘制了。

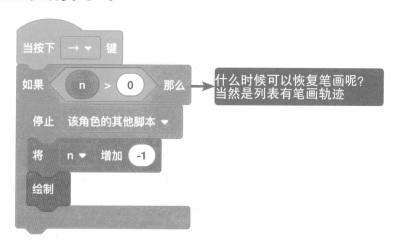

当按下 ← ▼ 键

如果 〈 n < 轨迹 ▼ 的项目数 〉 那么

　　停止 该角色的其他脚本 ▼

　　🖊 全部擦除

　　将 n ▼ 增加 1

　　绘制

擦除笔画有什么讲究吗？
当然有啦，擦除的笔画不能超过列表的数量

05 按照右移键复原笔画。

当按下 → ▼ 键

如果 〈 n > 0 〉 那么

　　停止 该角色的其他脚本 ▼

　　将 n ▼ 增加 -1

　　绘制

什么时候可以恢复笔画呢？
当然是列表有笔画轨迹

23.3 完成挑战

你可以先将代码编写到Scratch软件中，通过体验效果后，再结合代码不断地分析和思考。

最后通过自己的努力编写出来，并且按照自己的想法改进它。

第24章 物理引擎

我们一起来制作一个物理引擎，让它可以运用到我们的游戏中。

一个游戏角色，既可以左右移动，又可以跳跃（重点是跳跃还有加速度），并且可以跳跃到阶梯上。

本章我们将一步一步地来完成这个引擎，一共分成8个流程来完成。

1 角色普通下落。

2 角色加速下落。

3 角色碰撞地板，嵌入后回升。

4 角色直接落到地板上。

5 添加角色行走。

6 设置地图的墙体和上坡。

7 角色的弹跳。

8 在地图上设置天花板。

接下来的8个项目，每修改一个项目，记得另存为一个新的项目。这样就记录下我们不断改进的思路了。

24.1 角色普通下落

万丈高楼平地起，虽然角色的普通下落对你来说可能很简单，但是我们可以按照由简到难、一步一步前进的思路去完善和改进，最终实现想要的炫酷效果。

01 调整小猫咪的位置，使得小猫咪从舞台中央的顶端落下。

02 怎么让小猫咪落下来呢？

设置y坐标不断减小就可以了。

03 接下来，编写一段代码，让小猫咪重复地下落。落到底端，再回到顶端继续下落。

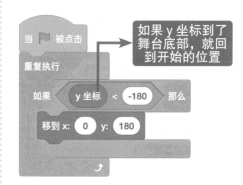

普通下落就这样简单地完成啦。

24.2 角色加速下落

设置一个下落速度，让角色下落得越来越快，就好像有重力加速度一样。

01 同样设置角色的初始位置。

02 创建下落速度变量，不断增加下落速度，让角色下落得越来越快。

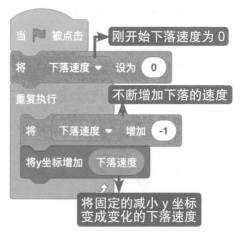

因为下落需要y坐标减小，所以下落速度是负数。

03 当角色再回到初始位置的时候，下落速度又变成0了，重复下落。

感受一下小猫咪下降的速度变化吧。

24.3 碰撞地板，嵌入后回升

添加一个地板，让角色可以落到地板上。

01 绘制一个黑条角色，作为地板。

02 调节地板的位置，使得地板可以接到落下的角色。

03 打开上一个作品，我们在它的基础上进行改进。

下落角色初始的位置不需要变化。

这段代码也可以暂时留着。

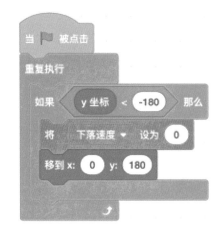

04 我们思考一下，想要让角色落到地板后不再下落，需要怎么做呢？

碰到地板后，下落的速度设置为0，这样就不会下落了，对不对？

试一试吧。

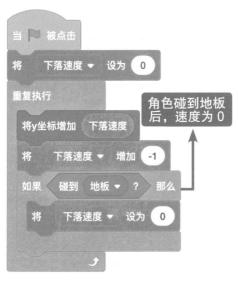

角色碰到地板后，速度为0

呀，小猫咪角色嵌入地板了。

这个**碰到边缘就反弹**只能识别碰到边缘，如果能有一个碰到角色就反弹就完美了。

碰到边缘就反弹

05 想要让下落的小猫咪从嵌入的地板里回到地板上，需要将y坐标增加。

试试看吧。

感觉可以哟，不过是缓慢升上来的。

遇到疑问了吧，接下来改进一下。

24.4 直接停在地板上

下落角色应该直接就落在地板上，而不是先嵌入地板，然后缓慢上升。

如果我们可以将角色上升的过程省略，看到的效果是直接停在地板上，那就好了。

01 创建**站稳住**积木块，来完成角色上升。

一定记得勾选**运行时不刷新屏幕**哟，这样我们看到的就是角色直接停在地板上的效果了。

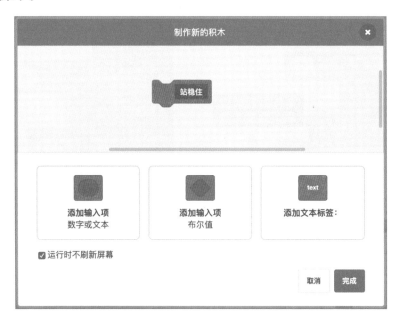

02 编写**站稳住**积木块的功能。

角色触碰到地板后，速度变为0，然后一直上升，直到角色刚好离开地板。

感觉就像停在地板上一样。

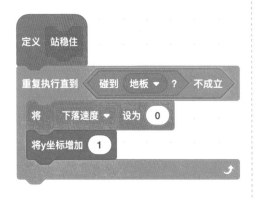

03 改进角色下落的脚本代码。

下落的小猫咪直接就停在地板上了。

24.5 角色行走在道路上

游戏中的角色可以通过左右按键控制行走，在这里我们也给下落的角色添加行走的代码。让它可以行走在我们规划的路线上，而不是只能水平或者竖直地移动。

01 选中地板角色，再绘制一个弯弯曲曲的道路造型。

02 回到控制角色，编写一个自制积木块**按键控制行走**。这样只要控制角色行走，我们不用再重复编写，直接使用它就可以了。

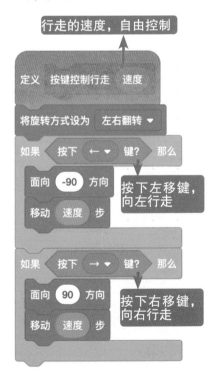

03 将行走代码嵌入程序中，试试看行走速度多大合适。

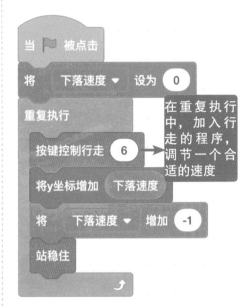

试试看，小猫咪可以在我们绘制的道路上行走，而不会掉下去。

通常的行走是这样的，但是我们增加了检测碰撞地板，就可以保证它在地板上行走了。

24.6 识别障碍和上坡

在游戏中，有时会遇到上坡，可以直接走上去。

但是遇到障碍高度，就需要跳跃，这个要怎么实现呢？

看看这张图片中的上坡和障碍，上坡路段很平缓，障碍路段突然就高出一截了。

01 改进**按键控制行走**积木块，添加**方向**参数。

看看是怎么完成上坡和障碍识别的。

设置一个高度（比如8），也就是说高于8的是墙，过不去，小于8 的是坡，可以过去。如果移动8次都上不去，就回到移动前的位置。

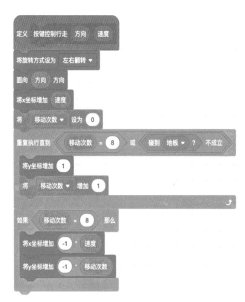

02 改进下落和移动功能模块。

自由度控制行走方向和速度，这样你就可以随意设置按键啦。

特别适用于两个角色哟。

看看小猫咪角色上坡和遇到障碍的不同情况。

这是上坡，很容易就上去了。

遇到高度障碍，怎么行走都上不去。

24.7 完成跳跃

遇到障碍也要过去，走不过去，就跳过去。

01 按上移键就起跳，不过没那么简单哟。

只按上移键会导致一直上升。跳跃只有在接触地面后才可以起跳。同时，下坡会短暂地离开地面，设置一个间隔，短暂离开可以起跳。

感受一下起跳，修改合适的下落速度，下落速度变成正数，就向上移动。

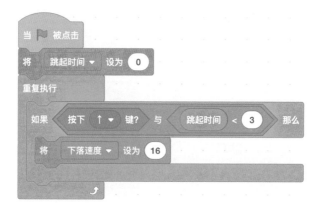

02 修改之前的**站稳住**积木块。

落下站稳，起跳后，跳起时间持续增加。

这段程序块只有在碰到地板时才执行。

所以当角色离开地板后，就会执行上面的跳起时间增加，这样跳起来只能有一次。如果碰到地板，就升起，再结合前面程序的落下1，这样就相当于原地不动，但是跳起时间增加，在离开后，时间又设定为0。

24.8 跳不穿的天花板

有的时候游戏中会有天花板，怎样控制角色不会跳穿天花板呢？

一起来看看答案吧。

01 再次修改**站稳住**积木块。

如果下落速度大于0，就说明是跳起上升状态。

如果碰到头上的地板，现在的y坐标减一，就不会穿过了，而是下落了。

然后上升速度变为0，随后进入下落状态。

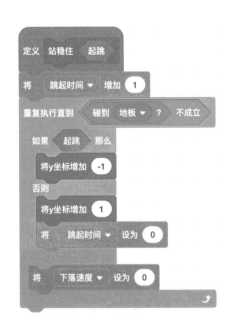

02 为了知道什么时候是跳起状态，需要时刻比较下落速度。

下落速度大于0，就是跳起状态。

如果你想到什么有趣的项目或者值得挑战的功能模块，也可以使用这样的方法去改进。

将每一次改进后的案例另存为一个新的项目，并且记录下每一个模块的功能，甚至注释每一行的代码。

这样保存下来的项目轨迹将会帮助你再次理解它。

到了这里，我要说一声"恭喜"，可以说你已经精通Scratch啦！

学习编程，我们学习的不仅仅是编程知识，更要掌握学习方法，要有勇于探索的精神。接下来，就需要你多想、多做、多问、多尝试、多挑战、多总结。

果果老师祝愿你越来越棒，加油！

读书笔记
Reading notes

轻松玩转 Scratch 3.0 编程 第2版

63节
长达410分钟
视频讲解

流程规划
脚本构思
积木堆砌
逻辑思考
创意发挥
高效学习
计算思维